爱犬家庭医生

狗狗疾病快速诊断与处理

[英]詹姆斯·麦凯 著

[英]克里斯·查尔斯沃思 顾问

廖珮茹 译

南方日报出版社
NANFANG DAILY PRESS
中国·广州

图书在版编目(CIP)数据

爱犬家庭医生：狗狗疾病快速诊断与处理/（英）詹姆斯·麦凯著；廖珮茹译. —广州：南方日报出版社，2017.10
ISBN 978-7-5491-1622-5

Ⅰ.①爱… Ⅱ.①詹… ②廖… Ⅲ.①犬病—诊疗 Ⅳ.①S858.292

中国版本图书馆CIP数据核字（2017）第154904号

First published in Great Britain in 2000 by
Hamlyn, a division of Octopus Publishing Group Ltd
Carmelite House, 50 Victoria Embankment,
London, EC4Y 0DZ
Copyright © Octopus Publishing Group Ltd 2002
James McKay asserts the moral right to be identified as the author of this work.

Simplified Chinese Edition © Guangdong Yuexintu Book Co., Ltd.

爱犬家庭医生：狗狗疾病快速诊断与处理

AIQUAN JIATING YISHENG：GOUGOU JIBING KUAISU ZHENDUAN YU CHULI

作　　者：[英]詹姆斯·麦凯（James McKay）
译　　者：廖珮茹
责任编辑：阮清钰
特约编辑：李　丹
装帧设计：罗庆丽
技术编辑：郑占晓

出版发行：南方日报出版社（地址：广州市广州大道中289号）
经　　销：全国新华书店
制　　作：◆ 广州公元传播有限公司
印　　刷：东莞市信誉印刷有限公司
规　　格：760mm×1020mm　1/16　8印张
版　　次：2017年10月第1版第1次印刷
书　　号：ISBN978-7-5491-1622-5
定　　价：29.90元

如发现印装质量问题，请致电020-38865309联系调换。

Introduction

引言

  本书的目的在于如何照顾好你的狗。它描述了狗主人可能面临的，关于狗的多种常见疾病的症状、病因及治疗方式。书中分为几个部分：耳朵、眼睛、呼吸、循环……让你更易查阅特定问题。内文里的紧急指导会告诉你寻求兽医治疗的重要性，对狗主人能做的事情亦有所标示。"意外和急救"一章会在你急救狗时有所帮助。

  许多医疗问题来自于狗主人对待狗的态度，为了避免出问题，我也提出一些建议，例如正确地喂食，有适当的运动量，主人能对疾病的早期症状具有警觉性。畜养动物必须具备基本常识，并定期约兽医替狗做全身健康检查。让狗定期服用驱虫药，以及注射当地常见疾病的疫苗。如果不准备让你的狗繁殖，最好考虑让狗狗绝育，因为许多疾病只在未结扎的狗身上才会发生。

  兽医会很欢迎你提出任何有关狗健康状况的问题，并且乐于为你解释医学上的知识，例如病因、治疗和预防等。他们了解教育狗主人的重要性，因为这会让所有的狗狗都能被好好地对待，变得更加健康。

让狗保持健康的一个重要方法就是喂食营养均衡及质量良好的食物，这能让它有健康的身体来对抗疾病侵害。均衡饮食的主要成分包括蛋白质、维生素、矿物质、碳水化合物、脂肪及纤维质。用营养均衡的食物喂养，狗就能活得更有活力、更健康、更长久。

狗狗的体重不能过重，这是很重要的，因为肥胖和很多疾病有关，肥胖的狗容易罹患某些特定疾病。如果你关心狗的体重，兽医会给你相关的建议。

本书所提供的治疗方法都是来自正规的兽医技术指导，都是所有的兽医学习过程中必须学习的，这为兽医和宠物带来很大的便利。目前的兽医领域中，有些兽医发明其他治疗动物的技术和方法；有些则回归探讨整体方向，也就是针对动物的全身做考虑，而非只针对动物表现出来的某项病征。

其中一项愈来愈常被兽医用来改善动物健康的治疗方式是顺势疗法（homeopathic treatment）。顺势疗法是非常复杂的科学，其作用机制至今尚未完全被了解，但是愈来愈多人将之视为现行治疗的替代方式。事实上它的确是有效的，常常带来令人惊奇的效果，此科学领域亦吸引愈来愈多人的注意。

本书也提供一些顺势疗法，在狗有疾病困扰时可以提供协助。如果你对顺势疗法有兴趣，可跟兽医讨论，如果你的兽医对于这门学问不屑一顾，可换个有兴趣的兽医问！

本书并不适合作为治疗狗的疾病的参考，如果你的狗生病了，尽快找兽医解决。一旦有所拖延，某些病患将因为病情严重而更加痛苦，甚至死亡。

如果你怀疑狗狗不健康，立刻请教兽医。

请注意在本书中，我是以"它"这个代名词来指代狗。

我要感谢Chris Charlesworth、MRCVS以及他的伙伴们：兽医、护士、技士以及他们的客户们的帮忙，才得以让本书出版。

James McKay

Contents

目录

Vet Clinic Dogs

Vet Clinic Dogs

Part1

耳朵疾病

Ear Conditions

耳朵由三个部分组成，任何一个部分皆会发生疾病。

*耳壳：耳朵的最外侧部位，收集外界的声音并传送给耳膜。耳膜是一片横跨耳道的白色组织，它将声音转变成震动。

*中耳：中耳包含听骨，听骨会将来自耳膜的震动向内耳传送。

*内耳：震动传到内耳后被转换成电信号，这些信号被传送到脑部后，脑部将之解析为声音。

耳血肿
Aural haematoma

耳壳上有血脓包。

症状
耳壳皮肤下方有肿块。可能会疼痛，也可能不会。

根本病因
狗因为瘙痒感而抓痒或激烈地甩动头部，瘙痒感可能来自于跳蚤、耳疥虫，或耳朵感染，狗抓得太用力、用耳朵撞硬物，或者暴力地甩动耳朵会导致血肿。瘀血累积在耳壳的皮肤层的软骨附近。有证据显示，有些耳血肿病患是由感染所引发的免疫反应造成的。

所有的品种皆会罹患此病，但是大耳品种的狗——英国可卡犬、黄金猎犬（金毛寻回犬）、雪达犬，会比小耳品种的狗较易罹患耳血肿。

处理方法
虽然耳血肿并非紧急的疾病，仍该尽早请兽医治疗。

治疗
兽医需要尝试用数种方式治疗耳血肿，因此不同情况有不同疗法。治疗方式包括：数周内，在血肿块里放置引流管；直接使用针管将肿块里的液体吸出；直接对狗进行手术，麻醉后开创以冲洗血肿块内的瘀血。

抗生素和止痛剂也是处方之一，狗可能需要戴伊丽莎白项圈。

费用
因为耳血肿不易医治，在病情完全舒解前，兽医需尝试许多不同的治疗方式，故花费会相当高。

顺势疗法
山金车有助于减少血液丧失和组织伤害。金缕梅有助于舒缓疼痛。

注：本书所列出之费用，因国情不同，故仅供参考。

\ 紧急指导 /

耳血肿虽不危及性命，却非常疼痛。要治愈并不容易，故应尽早治疗。耳血肿的病情随着时间愈来愈糟，肿胀愈大愈难治疗。

诊断耳血肿

兽医会使用检耳镜检查耳朵的外部和内部。检耳镜是一个圆锥状的器具，不同的型号能让检耳镜可以服帖地伸入各品种的狗耳道内。检耳镜带有放大镜和灯源可用来观察耳朵的内部或者耳膜的状况。

兽医可能为了查出造成狗剧痒的原因，进一步检查耳朵以外的部位。导致剧痒的刺激物可能是跳蚤、其他寄生虫，或耳朵感染。

虽然大耳品种的狗较易罹患耳血肿，但是任何品种的狗皆可能罹患此病。

耳聋
Deafness

部分或全部的听力丧失。

症状

狗对语言命令没有反应，似乎睡得相当安详，无法被叫醒。

根本病因

造成耳聋的原因很多，耳聋本身不是病，而是其他疾病的症状。某些品种例如大麦町犬、可卡犬、德国牧羊犬或英国牧羊犬，耳聋极常见，而且还是可预测的病。不过各品种的狗都有可能患上耳聋。

在声音传到脑部的路径中，任何一个部位损伤都可能引起耳聋，包括耳道物理性障碍，外物阻隔、肿大，甚至息肉。耳膜本身的损伤，中耳被液体塞满，年纪大等皆可能造成耳聋。一出生就耳聋属于先天性障碍。

诊断耳聋

兽医会检查狗的耳朵，确认是否由明显的物理性原因引起耳聋；如果不是，他会做更多测试，有时候包括电子听力测试。

容易有耳聋问题的品种之一：德国牧羊犬。不过，每个品种的狗皆可能发生耳聋。

处理方法

想要得知你的狗是否有听力障碍是很困难的，因为狗会通过其他方式来弥补听力缺陷，例如更加专心地看着主人。如果你怀疑狗有问题，试着在狗背对你或者它专心看着其他事物时跟它说话，试着以不同的音量、音调和它说话。如果狗对这些测试毫无反应，或者不得要领，就得寻求兽医的协助了。

治疗

如果耳聋是因耳道中的障碍物所引起，兽医会治疗，还会检查任何可能造成听力障碍的潜在原因并一并进行治疗。

如果你的狗已经是重度且永久性的耳聋，你可能会犹豫是否让狗继续正常地生活下去。许多人认为让狗过正常的生活是有可能的，例如训练狗遵从手势的指令。然而，即使狗能学会辨认手势，也比较难让它全程都在看着你，特别是当它被其他事物吸引住时。有些人则认为，对待耳聋的狗最仁慈的方式是给予安乐死。兽医会针对不同病例给予建议。

费用

视病因而异，依据诊断时所采用的检测方法不同而费用不同。

耳炎
Otitis

耳朵的皮肤发炎。耳炎是狗猫最常见的问题之一，可能是单耳或者是双耳发炎。

症状

耳朵可能有分泌物、分泌物有异味、经常挠痒和甩头、耳壳内侧皮肤发红。狗会咬任何想碰触耳朵的人。

根本病因

在正常的状态下，耳垢的产生量和消失量是一致的，大部分的耳垢随着耳垢中的水分蒸发而消失，当狗耳朵

\ 紧急指导 /

虽说耳炎并非严重的问题，但如果没有妥善治疗，也会变成严重的慢性病，给耳朵造成伤害。

不透气就会使耳垢堆积而引起疾病。大折耳朵品种的狗，例如英国可达犬、黄金猎犬、雪达犬等，它们宽大的耳壳会阻碍水分蒸发，从而导致耳垢逐渐累积，过多的耳垢会刺激耳朵分泌出更多的耳油，这就形成平时正常无害的霉菌和细菌滋生的理想环境，进而转变成刺激耳朵皮肤的刺激物。另一个耳炎的主因是狗的耳朵内侧长有毛发。

耳疥虫（第7页）、外来异物也会造成耳炎。

处理方法

只要狗出现耳朵受到刺激的状况，就应尽快将狗带去兽医院检查。如果你怀疑耳朵里面有异物，必须立刻去找兽医，千万不要尝试自己移除异物，因为极可能造成狗永久性耳朵伤害。切勿在缺乏兽医指示之下，往狗耳朵里放入任何液体、油膏或其他医疗药品，也不要尝试插入任何硬物，棉花棒也不行，因为这些物品皆可能伤害狗耳朵。即使有分泌液流出，也不要擦掉，因为检查分泌物可以帮助兽医确诊病因。

治疗

治疗包括耳道冲洗、局部药物治疗（直接对耳朵使用药物治疗，像是使用耳滴液和药膏）。通常会进行一种以上的医疗方式，一种是针对耳疥虫，另一种使用抗发炎药，针对耳疥虫造成的刺激。不管采用哪种治疗方式，最重要的是狗主人要遵照医嘱用药，完成整个抗生素疗程。

在耳炎复发的严重病例中，兽医必须做手术以改善耳朵通风的情况，如果狗耳朵内侧有长毛，兽医会建议剪掉内侧的耳毛，因为预防胜于治疗。

诊断耳炎

若是累积的耳垢过多，可能会令兽医无法顺利用检耳镜检查。若是刺激物为耳疥虫，那就无法使用检耳镜做检查，因为它们不喜欢光线，当有光线照到耳朵里，它们就会躲在成团的耳垢的背面。

兽医会采集耳分泌物和耳垢样本以进行检验，这有助于找出真正的病因，确定最正确且最有效的治疗方式。

顺势疗法

把Psorinum、硫黄或毒芹液涂在狗耳朵内，可增加狗耳朵对耳疥虫的对抗性。

费用

如果在疾病初期即进行治疗，费用不高。

兽医若无法将检耳镜置入狗耳朵内，会使用耳滴液滴入狗的耳道中，再轻柔地按摩，帮助耳滴液发挥作用。

剪狗耳内侧的毛，必须由有经验的兽医实行，否则会导致耳朵的伤害。

耳壳创伤
Ear flap wounds

因为搔痒和撕裂而导致损伤。

症状
无论伤口多么小，任何耳朵的外伤皆极可能导致严重出血。虽然狗对小伤口所带来的疼痛并不在意，但血液流下来所造成的瘙痒感就会让它甩动头部。

根本病因
耳壳常在狗打架时被咬伤或者被抓伤，但不太可能会被荆棘植物所刮伤，狗（特别是像西班牙猎犬那样耳朵比较长的狗）比较常受到的伤害是被有倒钩的铁丝钩伤，或在旧垃圾桶里翻食物时受伤。

处理方法
在进行治疗前要替狗戴上嘴套，并且扣上轴环。让另一个人抱定狗之后，用生理盐水（约一汤匙的细盐加到0.5升的水里）清洗伤口。将伤口清洗干净有助于看清楚受伤的程度，如果伤口很大，可能需要请兽医进行缝合。

治疗
以生理盐水清洗伤口之后，小伤口可以涂抹抗菌软膏、抗菌乳或者粉末。如果伤口看起来已经发炎很久了，则需要去请教兽医，因为狗可能需要接受抗生素治疗。

为了固定耳壳，将垫料包住整个伤口，如果这个方式行不通，可以使用绷带将整个耳壳包扎好。

\ 紧急指导 /

如果没有妥善处理伤口，伤口可能会被感染而使伤口恶化。

费用
一发现有小伤口就进行处理的话，费用不高。

当狗受伤会感到疼痛，它可能会咬你，所以在治疗之前记得替狗戴上嘴套。

耳疥虫
Ear mites

狗常见的外寄生虫。

症状

不断地抓耳朵和甩头。

根本病因

耳疥虫（*Otodectes cynotis*），常见于狗和野鼠。

处理方法

任何患有耳疥虫或缺乏平衡感的狗，都必须接受兽医治疗，不可自行治疗。还有很重要的一点，病患所接触过的其他狗都需要接受治疗，因为耳疥虫会传染，被传染的狗在初期没有显示出任何症状。治疗必须最少持续三周，否则无法除尽狗毛上的虫卵。

治疗

使用耳滴液治疗症状轻微的病患，抗发炎药物可缓解耳疥虫引起的瘙痒感。

通常是使用耳滴液治疗耳疥虫感染，兽医会针对不同的狗配耳滴液。

\ 紧急指导 /

如果不给予任何治疗，耳疥虫会使狗不断抓耳朵，严重的话，会抓到流血。耳疥虫会顺着耳道向下爬到中耳，一旦中耳受到感染，狗就会丧失平衡感，无法令头保持直立，更严重的病患会一直垂着头。

诊断耳疥虫

狗被耳疥虫感染的一个症状就是耳朵里累积很多耳垢，以及有很多黑点；黑点可能是干掉的血，耳疥虫通常是白色或无色的，肉眼无法看到，必须使用显微镜才能看得到。即使是镜检也未必找得到耳疥虫，因为它们会躲在耳垢的后面。

可能产生类似症状的相关疾病

很多类似的疾病会产生和耳疥虫相似的症状，所以由兽医诊断并治疗是必要的。

顺势疗法

涂抹Psorinum或硫黄有助于舒缓刺激；但是要除去耳疥虫仍必须接受兽医治疗。

费用

只要治疗得早，费用相当低。

眼部疾病
Eye Conditions

眼球包含三层：
* 外层：包括眼角膜；
* 中层：包含虹膜；
* 内层：视网膜。

眼球透明的部分（即让狗可以看到外面世界的构造）是眼角膜。透过眼角膜，你可以看到虹膜和瞳孔。中层包括系住晶状体的韧带。晶状体将光线聚焦于视网膜，视网膜具有对光敏感的细胞，即视杆细胞和视锥细胞，视锥细胞负责感觉色彩。视神经位于视网膜，经由视神经将信号传送至脑部。

眼睛是非常复杂且重要的器官，任何眼睛伤害或异常皆必须立刻请教兽医。如果没有立即治疗，狗可能会遭受永久性的损伤甚至全盲。

有些眼睛的疾病来自遗传，有些品种较容易罹患某些眼部疾病，如果要购买一只狗，应该先确认狗的父母亲是否罹患眼部遗传性疾病。即使是混血狗也会有眼部的疾病。

警告：千万不要尝试自行治疗眼部疾病，务必寻求兽医的建议。

结膜炎
Conjunctivitis

眼睑内膜发炎，扩及整个眼球，或第三眼睑（狗脸膜）。这是引起眼睛发红的主要原因，它可能影响一只眼球或者两只眼球，可能是急性（迅速发生）或慢性（发生得慢，会持续一阵子，而且对治疗有抗性）。即使是轻度结膜炎也会刺激狗抓眼睛，使眼睛受伤。结膜炎会导致很多危险的潜在疾病。

症状

包括红眼症、眨眼次数增加、从单眼或双眼的眼角流下浓稠的分泌物，像在哭（泪液增多）、眼睛半闭，狗会不断抓眼睛四周，靠在硬物或地板上摩擦脸部。

根本病因

结膜炎可能由过敏、感染（细菌、霉菌、病毒）、外伤（由植物的刺、草的种子或其他外物造成）、泪液分泌不足或者睫毛内插引起。

工作中的猎犬必须每天冲过又厚又多的树叶，这让外物（植物的刺或者种子）很容易就进入眼睛里，进而引发结膜炎，不过其他狗也很容易发生此问题。短鼻型犬和查理王小猎犬拥有大且突出的眼睛，因而它们的眼睛更容易受伤。

处理方法

观察狗的眼睛是否变红，如果你肯定狗眼里有异物，不要用手指、棉花棒、镊子等硬物来移除异物，这可能会造成更大的伤害。使用大约1升的温水轻柔地冲洗受影响的眼睛，将一小片的棉花浸在温水之后拿来擦拭眼睛四周（而非眼睛上），清理掉异物和分泌物。

治疗

根据问题发生的原因，兽医将给予膏状抗生素或抗生素眼滴液、抗发炎药物、局部药膏（直接涂在眼睛上）或者口服药。重要的是，务必遵循医疗指示规律用药，并且完成整个疗程，否则问题将极难根除，而且将可能经常复发。

紧急指导

如果狗出现症状后，在24小时内没有改善，或眼睛发红，看起来像在哭，立刻带它去兽医院。

顺势疗法

治疗结膜炎的医疗方式多种多样，包括小米草、乌头类、洋白头翁、山芹菜，而且治愈率很高。

费用

轻度病例的费用不高；但是如果置之不理，病情会恶化，治疗费用也将上升。

诊断结膜炎

兽医会清理眼睛四周的分泌物，用检眼镜检查狗的眼睛。检眼镜内带光源和数个过滤镜片和透镜镜片，可以用来检查眼睛的内部和外部，也能更仔细地检查眼球表面。采集眼睛分泌物进行化验，进而帮助兽医找出病因。

可能产生类似症状的相关疾病

眼睛发红可能是被外物入侵眼睛或者其他因素所引起，所以，在治疗前先请兽医检查是很重要的。

溢泪症
Abnormal tear production

狗流下过多的眼泪，称之为溢泪症。眼泪是将眼睛里的脏东西和异物冲刷掉的天然方式之一，和眼睑共同扮演维持眼睛健康的重要角色。

症状

正常状况下，眼泪经由泪管流下，泪管是连接眼睛和鼻子的小管。当此通道受阻，眼泪会反流至脸上，泪痕在白色脸的狗脸上特别明显，玩赏犬极易有此类问题。长有下垂大眼睑的狗比其他的狗更易有溢泪问题。

根本病因

病因通常为单侧或者双侧的泪管被阻塞。阻塞来自于外来异物、感染、脸部受伤、受伤后结痂或者黏液分泌过多。也有可能是因为先天缺陷（出生时就有）之故，泪管可能无法正常作用。来自眼部的刺激也可能造成泪液不正常分泌。

处理方法

狗脸上出现泪痕或者眼睛长期呈现哭泣状时，应该请兽医检查。

治疗

如果是因为感染而造成溢泪，则医药处方里会有膏状或者液体的抗生素，或者口服用药。如果是因为缺乏排出管道，兽医可能会先对狗进行麻醉或者重度镇静，再以套管洗通泪管。套管是一条非常细的小管，另一头连接到注射筒上。

预防胜于治疗。在平时日常生活中，经常使用温水给狗洗眼睛，清理掉异物，这对容易患上该病症的狗来说更加重要。

费用
如果及早治疗，溢泪症是不需要昂贵花费的寻常疾病。

诊断溢泪症

兽医检查泪管的方式之一是使用荧光染剂（一种染料），将荧光染剂滴在生病的眼睛上，如果泪管是正常的，荧光染剂会从狗的鼻孔流出来。

顺势疗法

小米草是最有用的治疗方式之一。

眼角膜溃疡
Corneal ulceration

　　眼角膜的表面通常是平滑的，当表面受到损伤时，就会导致溃疡。

症状

　　眨眼次数增加、泪液分泌量增加、眼睛发炎、畏光、不舒服或者疼痛、眼角膜的色泽改变（变成不透光的蓝灰色）、结膜肿大（结膜是覆盖在眼睛前面的膜状构造）。

根本病因

　　导致眼角膜伤害原因有很多，比如抓伤、泪管阻塞而导致泪液分泌减少、眼睛里有异物、感染、肿瘤或者睫毛内插。还有一种造成溃疡的原因是假单胞菌感染，假单胞菌扩散极为迅速并具有侵略性，所以被称为"熔化性的溃疡"。

　　虽然每只狗都可能会患上眼角膜溃疡，但是这最常发生于眼睛突出的狗品种（例如查理王小猎犬）和年纪较大的狗。眼角膜溃疡非常痛，而且病情恶化快速，因此必须尽快请兽医治疗，有些溃疡会令眼角膜破裂，造成极严重的伤害。

处理方法

　　最好不要尝试任何自行治疗，因为这样很容易造成终生伤害，应该把问题留给兽医。

治疗

　　眼睛里的异物被兽医移除后，就会使用抗生素对抗感染。因为患有溃疡的狗会很不舒服，所以需要替狗戴上伊丽莎白项圈，避免它摩擦眼睛而造成更严重的伤害。

　　少数无法用药治愈的病例中，会给狗做手术。麻醉溃疡部位，然后手术切除溃疡区域，再在切口处覆盖一片健康的结膜。这需要几天时间来让伤口愈合。

＼ 紧急指导 ／

没有生命危险，但是眼睛受损会导致严重的后果，因此必须寻求兽医的建议。

诊断眼角膜溃疡

兽医在眼睛上滴荧光染剂，荧光染剂会附着在溃疡区域，但是无法渗入正常的眼角膜区域。随后以UV光线照射，便可根据荧光大小而得知溃疡区域。

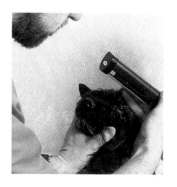

顺势疗法

汞软膏治疗可能有效。

费用

眼睛伤害须由眼科专业兽医治疗，费用高。

青光眼
Glaucoma

这是因为眼睛内部液体累积，导致眼压升高所造成的。

症状

眼睛最后会变得肿大并且突出、眼盲。青光眼会使瞳孔持续地过度扩张，因此令眼睛疼痛并且畏光。

根本病因

青光眼通常是眼部疾病所导致的，最常见的是晶状体异位，也就是晶状体在眼睛里向前凸，可能是外伤或遗传而导致晶状体的移动，后者症状在西里汉梗犬和刚毛梗犬身上相当常见。

处理方法

千万不要在家自行治疗眼部相关疾病，要找兽医治疗。

治疗

视病因与病情程度而异，可能需要手术。有些病例以药物治疗即可。药物作用为减少泪液分泌、瞳孔扩张以及改善泪液排泄管道。

诊断青光眼

兽医会针对狗的眼睛施行理学检查，如果是眼科专业兽医，则会测量眼压。

\ 紧急指导 /

没有生命危险，但是如同所有的眼睛疾病一样，必须尽早得到兽医的建议。

顺势疗法

使用紫草和铁筷子。

费用

如果需要施行手术，费用会比药物治疗高很多。

白内障
Cataract

单眼或者双眼的晶状体（或者是晶状体上的膜状构造）呈不透明状，令狗无法正常地看到东西。大部分的白内障病况会愈来愈糟。

症状

当狗年纪增加，眼睛呈现有点灰浊状是相当正常的，但这也是白内障形成的象征。如果白内障是遗传性的或者饮食不佳所引起，在狗几周龄的时候病症就会显现出来，然后病情逐渐恶化至全盲。全盲通常发生在二到三岁，不过也可能在一岁大时就发生。

病情恶化，将给狗的正常生活带来较大的问题。它可能会从门或者是家具上失足掉落，极度焦虑，对不熟悉的环境感到压力。

根本病因

狗年纪一大就会出现白内障，而其他则是遗传所造成的。有些因为母亲患有糖尿病，而使小狗在胎儿发育时就缺乏营养，进而导致白内障形成。虽然几率极低，但白内障也有可能因为严重创伤所引起，此类创伤会干扰眼睛内的血液循环。有些品种则较易罹患遗传性的白内障。

处理方法

任何被怀疑有白内障的狗都必须尽早接受兽医的检查。

治疗

根据眼部检查所发现的问题来决定治疗方式。狗可能会被送到眼科专业兽医处接受更进一步的检查，可能需要施行手术。

\ 紧急指导 /

没有生命危险，不过如同所有的眼睛问题，最好尽早请教兽医。

诊断白内障
使用检眼镜检查狗的眼睛。

顺势疗法

治疗雾状晶状体：用硫黄；受伤或者年纪大的狗：用毒芹；手术后状况退化：用美远志根；长期治疗：硅30药剂。

眼盲
Blindness

　　虽然眼盲这个名词通常只用在完全看不见时，但也有不同程度的眼盲，比如只是分辨不出亮或者完全黑暗。

症状

　　狗可能会撞到每天经过的物体，或者无法找到你，尤其当你身处在一群人当中时。这不会影响它找食物，因为它会增进嗅觉来补偿变微弱的视觉。无论是在白天还是夜晚，患有眼盲的老狗出现的问题都一样多。有时候，它可能不愿去外面探险。

根本病因

　　非常多，从受伤到遗传疾病都有。随着狗的年纪增长，它的眼睛呈现青色是正常的，这是年龄增加的正常结果，而这也可能让狗的视力受损。

治疗

　　完全根据病因而定，不过很多全盲的病患是无法治疗的。

\ 紧急指导 /

因为眼睛非常复杂，所有眼睛的疾病和受伤皆必须立刻请教兽医。

费用

如果必须施行手术，费用相当高。

诊断眼盲

使用检眼镜对狗的眼睛进行理学检查。

Part3

吃跟喝

Eating and Drinking

　　狗经由消化系统将食物分解成简单的化合物，进而让身体吸收利用。消化过程中产生的废物则被身体排泄出去。

　　消化系统从口腔开始。

　　*牙齿是用来咬住并磨碎食物的，食物被撕裂或咬成小碎片。

　　*食物被舌头包覆，唾液与食物混合，唾液可用来湿润食物并帮助消化食物。

　　*狗并不会咀嚼食物，它只简单地用牙齿撕咬，把食物撕成较小的块状之后再吞咽下去。

　　*就好像人类的小孩一样，狗会用嘴巴去探索它们周围的世界，所以常有口腔和牙齿的问题。日常生活需要经常用到牙齿，所以牙齿很容易会被磨损，甚至还会受伤或者断掉。"牙周病"是兽医用来指牙齿和牙龈疾病的名词。

　　被吞咽的食物经过咽部（喉咙背侧的区域）肌肉的收缩（蠕动）后，到达胃部。野狼（家犬的祖先）的胃被用来作为储藏容器，可以保存数天的食物。即使是被人类驯养后，家犬的胃似乎还保留有这个功能。但是，胃被塞得太满的话狗还是会呕吐的。

　　食物在胃部与胃液混合，大部分的食物会被分解。然后通过胃到达小肠，在小肠进行更进一步的消化，经由小肠内的消化作用所分解出来的许多物质（氨基酸、脂肪酸及糖类）会被小肠吸收。残余的代谢物通过小肠到达大肠，水分、电解质和水溶性维生素被大肠吸收。

口臭
Bad breath or halitosis

狗最常见的口腔问题之一，大部分的狗在三岁前即出现症状。

症状

口臭通常是牙周病（牙龈和牙齿的疾病）的症状。还会出现其他症状，像是肿大及变软的牙龈，食欲丧失以及唾液过多。狗牙齿上的牙菌斑和牙结石如果不及时处理，会导致心脏和肾脏的疾病，在靠近牙龈处有黄棕色的污渍是典型症状。

根本病因

口臭通常是牙周病的症状。黏着在牙齿上或在牙齿间隙的食物通常会吸引细菌。

处理方法

带狗到兽医院做例行性检查，最好是定期清理狗的牙齿，一方面作为预防，另一方面也方便检查狗的牙齿状况，进而发现一些可治愈的小问题。

建议定期替狗刷洗牙齿，可以使用人类用的软毛牙刷，但是不可以使用人用的牙膏，刷洗狗牙必须从还是幼犬时就开始，因为要让狗习惯刷牙的动作。一开始将牙刷浸在温水，把它嘴巴闭合，将牙刷放在狗的脸颊旁几秒钟，整个过程中用鼓励的语气温柔地对狗说话，再在另一侧脸颊旁重复一次，每天持续这些动作，一直到狗已经习惯牙刷的存在。这时就可以开始用牙刷在口腔后面的牙齿绕小圈圈，因为后面的牙齿比较不敏感。两周后，狗就不会在意你同时刷后面及前面的牙齿。这时可以使用少量的狗用牙膏，也可用橡皮指套来代替牙刷。

治疗

如果狗的牙龈发炎，在它嘴里使用抗菌喷雾会有所帮助，关于这情况要询问兽医。

狗的饮食会影响牙齿的状况，喂食软质的罐头食物可能会给牙齿带来不好的影响。较好的做法是每次吃饭时，至少

\ 紧急指导 /

虽然没有生命危险，但是也不应该忽视口臭，口臭是可以治愈的，口臭可能会对狗的整体健康有长期的威胁，所以建议你把口臭的情况告诉兽医。

费用

依病因而异。简单的问题例如牙菌斑，容易治疗；如果牙根受到感染，则较难治疗而且费用比较贵。

诊断口臭

兽医会检查狗的口腔，能发现一些明显的问题，例如牙龈发炎或牙菌斑和牙结石。在有些病患中，兽医会喷牙菌斑染剂到狗的嘴部里，这种液体的作用与人类的牙菌斑染剂相同，将牙菌斑染色，就能显示出牙菌斑所在的位置。

提供一些咬起来嘎巴作响的食物，例如饼干类食物。不带肉的大骨头对于牙齿没有好处，甚至会伤害牙齿和牙龈。经常给它一些难嚼碎的生牛皮，可以帮助狗的牙齿和牙龈维持良好的状态。

磨损的牙齿、断牙和脓肿
Worn and broken teeth and abscesses

牙齿久经使用会自然地磨损，也可能会断掉。整体而言，牙齿磨损对狗而言并不会造成真正的问题，但是牙齿断掉则会带来深度疼痛，让狗感到折磨以及痛苦。

症状

断牙是显而易见的，因为可能有部分牙根残留在口腔，所以必须留意狗的异常行为是否来自于口腔的疼痛。这些行为可能包括进食困难，甚至不愿进食。有些情况下，狗可能会试着进食，但是一咬食物就突然吠叫，这种情况必须让兽医对狗的嘴部做仔细检查。

狗的脸侧出现一个不引人注意的小肿块，可能是某一颗牙齿根部的脓肿，叫作牙根尖脓肿。最常被影响的牙齿是上排的第四前臼齿，这是狗最大的牙齿，位于口腔的最内侧，相当于人类的臼齿。臼齿出现脓肿的情况被称为臼齿脓肿。脓肿本身并不会明显到让狗主人发现到它的存在，因为它发生在牙齿根部，而不是在牙齿上。

根本病因

牙齿的磨损可能是因为牙齿本身不够坚硬，有些则因为下颚发育不良，或者因为牙齿生长的方向所造成。这些问题可能在狗出生时就存在了。

断牙可能是因意外造成，特别是车祸，或者啃咬门所造成（例如狗屋的门），让狗去拾回你丢出去的石头也会是原因之一。狗断牙的原因都很普通。

造成根尖脓肿大概有两个主要因素，牙齿受到了伤害，

> ### ＼ 紧急指导 ／
>
> 虽然没有生命危险，断牙仍会带来剧痛，必须将它当作紧急事件处理，尽早寻求兽医的协助，否则将有进一步的伤害和感染。但牙齿的磨损是年龄增长的自然结果，并不算是疾病，除非明显地引起狗的疼痛，或进食困难，那就应该寻求兽医的紧急治疗。如果磨损的牙齿并没有对狗造成严重的问题，只要在下次去兽医院做例行检查时告诉兽医即可。

或者是通往牙根的血液供给受到损伤。这两种情况都是因为狗啃咬坚硬的物体，例如大骨头。这个问题在所有年龄的狗以及各种品种中皆会发生，但是好发年龄通常是中年至老年之间。无论病因是什么，牙根尖脓肿并不会自行痊愈，因此必须请兽医治疗。

处理方法

如果狗出现牙齿疾病症状，即使外表看不出任何异状，也必须寻求兽医的建议，因为牙齿疾病很疼痛，而且可能很危险。直到兽医检查前不要喂食，听从兽医提出的适合喂食食物类型建议。

治疗

为了避免食物或者其他东西掉落到断牙缝里，或者为了避免受到感染，主人可能会觉得应该把断掉的牙齿包裹住，但是这样一来，会导致更多的问题以及疼痛。在脓肿病例中，感染根源必须被移除，才能让狗完全康复，所以正确的治疗方式就是拔牙处理和接受抗生素疗程。而且重要的是，无论采用什么治疗方式，狗主人都必须按照指示规律地进行并完成整个疗程。或许还会给狗使用止痛药。

有些狗牙的问题，可能必须请教专业的牙科兽医。

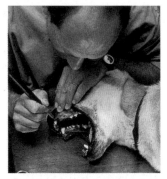

犬牙手术并不容易施行，所以狗必须要在全身麻醉下进行手术。兽医可能会建议你找牙科专业兽医。

对狗而言，牙齿是日常生活所必需的，要找出任何潜在问题。必要的话，寻求兽医的建议。

诊断磨损的牙齿、断牙和脓肿

必须要有两个人才能检查狗的口腔，最基本的检查会使用小型手电筒。检查时要小心不要被狗咬伤，因为被检查的狗会感到非常疼痛，而且会咬任何想要探查它口腔的人。兽医可能会使用X光检查来诊断脓肿。

费用

严重的牙科疾病和受伤的治疗相当贵。犬牙手术是专业的学科，如同人类一样，花费相当高。犬牙手术必须在全身麻醉下进行，因此治疗费用会包括麻醉费用。

可能产生类似症状的相关疾病

口腔疾病的症状十分相似，如果怀疑狗有任何口腔问题，应该请教兽医。

乳齿滞留
Retained teeth

当狗开始长永久齿时，它的乳齿可能没有完全脱落。乳齿滞留会给狗生活带来问题。

症状

牙龈发红、唾液带血、异常流涎。如果受到影响的是前面的犬齿，很容易就能发现问题，但如果是两侧或者后面的牙齿受到影响，就很难被发现了。

根本病因

12周龄的狗将会脱落28颗乳牙，渐渐长出42颗永久齿。有时候，永久齿没有将乳齿推挤出去，而是从不正常的方向生长出来，这通常会导致乳齿被长期滞留在嘴里，可能只有一颗牙齿或会有好几颗牙齿出现这种情况，通常为遗传性问题，这种情形可能导致狗下颚永久性的伤害，甚至在一些严重的病例可能引起疼痛。

处理方法

不要尝试自行处理，当你注意到这个问题时，尽早请教兽医。

治疗

乳齿滞留必须以手术方式移除。手术结束后，狗必须接受抗生素及止痛药的治疗疗程，而且持续给狗喂液状食物长达数天。

吞咽困难
Difficulty swallowing

有数种可能的疾病会出现该症状，包括咽炎或扁桃体炎，甚至消化道阻塞。咽炎即位于狗喉咙后侧的咽部发炎；扁桃体炎则是扁桃体的发炎反应。

\ 紧急指导 /

重要的是要尽早移除残留的乳牙。

诊断乳齿滞留

嘴里的残齿很容易被看到，而且这是兽医对狗做每年例行性检查时，必须要寻找出来的潜在问题。

费用

如同先前所提到的，犬牙科是非常专业的学科，所以费用将会相当高。

\ 紧急指导 /

如果怀疑狗有消化道阻塞的问题，或者它出现无法吞咽食物的问题时，最重要的是要立即让兽医检查，因为消化道阻塞会有生命危险。

症状

包括咳嗽、干咳（如果是喉咙阻塞）、食欲丧失（即使狗很饿），即使是水也吞咽困难。

根本病因

咽炎及扁桃体炎是因为病毒感染，被异物伤害咽部或扁桃体之后的二次细菌性感染，牙周病或其他因素。幼犬和年轻的狗经常发生扁桃体炎，任何品种或年龄的狗皆可能发生咽炎。

处理方法

观察狗，注意它的行为，保证给予充足的水分以避免脱水。

治疗

定时使用抗生素并完成整个疗程的话，通常可以治愈咽炎或者扁桃体炎的。

即使兽医怀疑病因来自于消化系统被异物阻塞，他们也不会立即进行治疗，而是会先观察狗一阵子，一旦确诊后手术治疗是最好的选择。

可能产生类似症状的相关疾病

牙周病让狗在进食或者吞咽时感到相当痛苦。

消化道里有异物或者其他东西阻塞是造成狗丧失食欲的常见病因。狗可能在咀嚼或者吞咽石头、纸张、木材、骨头、小球、塑料玩具，或者其他类似的物品时被噎到。这类的异物阻塞会导致许多症状，包括大量流涎、食欲丧失、食物回流、呕吐、腹部肿胀、便秘。

心脏病是狗食欲丧失的另一个病因。如果是已经发情数次的母狗，子宫蓄脓亦可能导致食欲丧失。年老的狗可能因为肝衰竭而丧失食欲。

诊断吞咽困难

狗的扁桃体发炎时，平常不明显的扁桃体会变得非常明显，可以看到两颗非常显著的红色肿块。在进行手术前，几乎都会先进行X光检查。如果是咽炎，狗的喉咙后侧会变红色并且发炎。咽部或者扁桃体发炎会阻塞喉咙。

如果注意到你的狗咳嗽或者干咳，这可能表示它正有吞咽困难的困扰。

费用

根据病因及治疗方式不同而异，如果必须施行手术，费用可能会较高。

糖尿病
Diabetes mellitus

当荷尔蒙的问题使狗无法控制血糖浓度。

狗患有糖尿病时，必须要求严格控管它的饮食。坚持给狗规律的饮食是很重要的。

\ 紧急指导 /

当狗出现食欲上升或者下降的情况时，都必须带它去做仔细检查。

诊断糖尿病

血检和尿检可检查狗体内的葡萄糖浓度，超音波和X光检测会反映狗的胰脏的生理状况。

费用

必须长期进行治疗，因为狗可能需要定期注射胰岛素和进行其他治疗，所以时间以及金钱上的总体花费将会相当的高。

症状

狗的食欲上升，特征为口渴和多尿、嗜睡、体重下降，可能有白内障。母狗在发情开始之后较常出现糖尿病的症状。

根本病因

糖尿病的病因是缺乏胰岛素（胰岛素经由胰脏产生），或者由于血糖浓度上升（血糖过多）。这个问题可能相当严重，因为它代表胰脏无法产生足够的胰岛素。糖尿病可能是由于胰脏异常或器官因为年纪增长而自然老化。某些狗品种，像是德国牧羊犬、拉不拉多犬（拉布拉多犬）、罗威纳犬、萨摩耶犬的糖尿病来自于遗传因素。然而，几乎每一只狗都会患上糖尿病，最常发生于八岁以上的狗。假怀孕会使血液中的前列腺素（一种荷尔蒙）含量上升，因此未结扎的母狗罹患糖尿病的概率比已结扎的母狗高出三倍；相较之下，无论什么性别，只要是肥胖，都会有较高的患病风险。

处理方法

尽早带出现了糖尿病症状的狗去兽医院接受检查。

治疗

如果在糖尿病演变成慢性疾病之前给予医疗，治疗就会相当成功。兽医会根据检测的结果、糖尿病的形式、病因不同而采用不同的治疗方式，包括减轻体重、结扎、使用胰岛素、药物、特制饮食、增加运动量。无论是哪一种治疗方式，皆会耗费你相当多的心血及时间。你必须每天早上收集狗的尿液，测量尿液中的葡萄糖浓度以计算所需的胰岛素量，然后给狗进行注射，严格控制狗的日常饮食，定时喂食，保证它有适度的运动。以上事项，兽医皆会提供相关的建议。

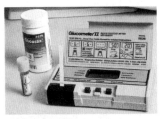

必须在每天早晨为狗检测葡萄糖浓度，有尿液样本才能计算所需要的胰岛素量。

患有糖尿病的狗必须定期地提供尿液样本进行尿检，以提供正确的治疗。

可能产生类似症状的相关疾病

尿崩病是由于缺乏抗利尿激素（由狗的脑下垂体所产生），或肾脏无法对抗利尿激素产生反应。正常状态下，抗利尿激素帮助需要节省水分的狗浓缩尿液，当水分摄取很少时，抗利尿激素的产量会提高；当狗大量摄取水分时，抗利尿激素的产量会下降，从而控制体内水分的平衡。

尿崩病的症状包括剧渴以及多尿（产生大量的尿液）。根据尿崩病的不同形式，治疗方式将包括给予抗利尿激素。可能经由鼻腔吸收的方式，给予抗利尿激素。

糖尿病的许多症状也是其他较不严重的疾病的普遍症状，例如食欲上升或者体重下降等可能来自于内寄生虫的感染，像是绦虫。然而，如果狗出现任何上述症状，应该尽早寻求兽医的建议。

呕吐
Vomiting

属于其他疾病的症状，本身并非疾病。

症状

大家都对呕吐有所认识。呕吐是一种肌肉的反射动作，将胃甚至小肠里的东西用力排出体外。

\ 紧急指导 /

如果是严重而且频繁的呕吐，必须立刻寻求兽医的协助，针对引起呕吐的病因进行治疗。

根本病因

　　通常导致呕吐的原因很简单，例如饮食变化太快速，动晕症，中暑（第111页），或其他会影响血液里化学成分的疾病，例如糖尿病（第21页）、肾衰竭（第29页）、肝衰竭（第90页），还有细菌感染。胃里有异物、胃扩大或胃扭转，甚至胃癌也会引起呕吐，同样会引起呕吐的还有体内太多寄生虫、便秘（第28页）或腹泻（第25页）。感到恐惧和压力，头部有外伤，或受到感染，像是犬细小病毒或犬瘟热，可能也会引发呕吐。

处理方法

　　如果狗突然不断呕吐，禁止它进食或喝任何东西，联络兽医。把狗放在你视野范围内，而且在地板上铺报纸或类似的东西（保持地板干净），记录呕吐的次数和呕吐物的浓稠度、颜色和量。这可以帮助兽医找出突然呕吐的真正原因，有效地加以治疗。

　　有时候，呕吐是正常的，不需要任何处理。然而，如果重复呕吐、吐出大量呕吐物，或呕吐物带血时，必须要寻求兽医的治疗。有时候，你所认知的呕吐现象其实是狗在清理

费用

视病因不同而异。例如，如果呕吐只是由饮食问题所引起，治疗很简单而且费用便宜；如果呕吐是由糖尿病引起的（第21页），则需要更多的治疗，而且费用将会更高。

诊断呕吐

兽医施行大规模的理学检查，同时还有血检和其他实验室分析。

许多狗会到处觅食因而导致呕吐。确保你的狗不会从垃圾桶里偷食垃圾和剩饭。

东西，这类的呕吐只是痉挛并不严重，最好的治疗是24小时内禁止狗吃东西。这段时间内最重要的是定时给予少量的水，以避免脱水。过了这段时间后就可以重新给予少量清淡的食物，例如炒蛋或水煮鸡肉，然后渐渐恢复之前的饮食。如果呕吐仍然持续发生，或是重新喂食时，呕吐复发，应尽早寻求兽医的治疗。

你可以通过定期让狗服用内寄生虫驱虫药，以预防某些原因所引起的呕吐；阻止它用呕吐来清理胃内部的东西，不要突然改变它的饮食，不要在旅行前喂食，避免过食。

治疗

如果病情严重的话，给狗进行输液治疗是很正常的。如果是异物误进消化道，则需要施行手术。

气胀
Flatulence

从狗的肛门喷出气体，俗称放屁。

症状

狗的周围有一股特殊且难闻的味道，通常伴随着特别的声音。

根本病因

气胀可能有几种原因，如果使用质量较差的食物喂食，食物可能在进入大肠前无法被正常地消化掉而开始发酵；可能食物在消化道里发生化学反应产生气体；或者气体可能来自于狗囫囵吞入食物时吞咽入的大量气体。气胀可能是严重的消化系统问题的症状，如果气胀的问题一直持续着，必须请教兽医。

处理方法

如果你确定某种食物会引起狗的气胀，换掉这种食物。比较明智的预防措施是从小就喂食良好质量的食物，避免较便宜且质量差的食物。质量差的饮食会给狗带来不好的影响，让它无法成长以及维持良好的体态。

> **\ 紧急指导 /**
>
> 气胀不会威胁性命，但是如果问题一直存在，必须告诉兽医。

理学检查有助于兽医找出气胀的原因。气胀通常和饮食有关，要采取逐渐改变的方式来改变狗的饮食。

治疗

正常的情况下，改变饮食就可以改善气胀症状，或者不要喂食容易造成气胀的食物。

顺势疗法

有时候，如果是因吃得过多而造成气胀的话，马钱子可能有效；另外，有些食物中的植物性成分会造成气胀，这种情况下植物活性炭可能有效。兽医会给你进一步的建议。

可能产生类似症状的相关疾病

肠炎和腹泻可能产生气胀。

费用

只需改变一下饮食，相对来说比较便宜。

腹泻
Diarrhoea

与呕吐类似，腹泻本身并非疾病，而是其他疾病的症状。

症状

大家都对腹泻有所认识。粪便呈现油状和颜色有异则被归类为腹泻。即使是训练有素的狗，偶尔也会在家里四处排泄外观正常却量少的粪便。如果狗罹患结肠炎，也就是结肠部位发炎（结肠即大肠的第一段），它的粪便里会带有大量的血液和黏液，但其外观和内出血完全不同，内出血的血液看起来呈深棕色而且是沥青状的，大肠炎的血液则通常呈现亮红色。大肠炎的另一个症状是里急后重，狗会使尽全力地排便；里急后重的症状通常易被误认为是便秘。

根本病因

内寄生虫，例如球虫和鞭虫是引起狗大肠炎的最常见的两种寄生虫。压力和过食也是造成腹泻的主要因素。当然也有其他可能，包括消化道里有异物或者霉菌感染，兽医必须检查之后才能有效治疗疾病。有些品种较容易罹患大肠炎，但无论什么品种或年龄的狗都可能患上腹泻。

＼ 紧急指导 ／

腹泻会引起狗脱水，而且导致身体不可恢复性的伤害（特别是肾脏），甚至死亡。通常导致严重腹泻的原因绝对不会是过食，这时候你应该联络兽医。如果腹泻的情形持续发生或粪便带血，必须立刻请教兽医。

诊断腹泻

兽医可能采集粪便，进行实验室检测以确诊腹泻病因。如果狗再发生大肠炎，喂食锂剂后施行X光检测，可有助于找出最佳而且最有效的治疗方式。

处理方法

禁止狗进食，保证它的饮水量。如果是急性腹泻，就要给它喂防脱水的液体，联络兽医。把狗放置在你视野范围内，在地板上铺报纸或类似的东西让地板保持干净。注意记录腹泻的次数和腹泻物的浓稠度、颜色和量，借此帮助兽医找出突然腹泻的真正原因，有效处理问题。

腹泻的病因可能是人畜共通传染病，这样的疾病包括弯曲杆菌症和沙门氏杆菌症，两种疾病皆为有害的细菌所引起。保持个人卫生并采取基本的预防措施，可以降低将人畜共通传染病病原传染给你或家人的机会。在触摸狗之后要记得洗手，特别是在吃东西之前更应该如此。如果知道你的狗有传染性疾病，你必须确定每个人在接触病犬后都洗过手。

隔离病犬，24小时内供给足够的水分和电解质，每两个小时给予格林氏液（可以从兽医、医生以及药剂师处得到）。渡过急性腹泻期之后，可逐渐恢复食物的喂食量，勿使用原来的饮食，否则会导致问题复发。鸡肉、兔肉以及鱼肉是极佳的康复期食物。

治疗

腹泻的治疗视病因不同而异。如果腹泻是因为有内寄生虫，使用驱虫药加以去除。如果腹泻是因为细菌感染，使用抗生素治疗。

内寄生虫、压力和过食是腹泻的常见原因，不治疗的话将造成肝脏伤害。

费用

大多数腹泻病患，特别是那些简单的因饮食问题造成腹泻的情况，治疗费用低。使用锂剂以及其他的检查则需要较多的照顾和治疗，所以花费相对较高。

可能产生类似症状的相关疾病

腹泻可能是更严重疾病的症状，例如肠炎，肠炎病患的粪便较大且较软。

膀胱炎
Cystitis

膀胱发炎，公狗和母狗皆会发生。

症状

尿频，但是每次的尿量很少；小便带血；动物在小便时显得非常不舒服。尿液可能有恶臭，较平常浓稠。母狗发生膀胱炎的频率比公狗高出甚多。

\ 紧急指导 /

膀胱炎并没有性命威胁，不过它通常会带给病患极大的痛苦，因此应该尽早寻求兽医治疗。

根本病因

大部分膀胱炎是来自生殖器的细菌引起的膀胱细菌感染，有些则是因为膀胱里有结石。

处理方法

用有点咸的食物喂狗，可促使它喝更多的水，同时必须配合更多的运动，促使它更频繁地排尿；规律的排尿有助于冲刷泌尿道。

治疗

在轻度膀胱炎病例中，通常会让狗服用抗生素。抗生素必须照兽医的指示，定期给予而且必须完成整个疗程才能完全康复。

顺势疗法

视病因而异，马钱子、爱冬叶或者斑蝥对于治疗膀胱炎可能有效，兽医会给你更多建议。

费用

因为大部分的病例可以接受短时间的抗生素疗程，轻松治愈，费用低。

可能产生类似症状的相关疾病

糖尿病是尿频的另一个可能病因，膀胱受伤（因为车祸或者类似意外引起）或者膀胱结石也是可能病因。

狗的泌尿系统中可能有石头形成，通常发生在膀胱。这些石头就是所谓的尿结石，这种疾病则称为尿路结石。在严重的病例身上，公狗的排尿通道会被完全阻塞，从而导致急性肾衰竭。尿路结石的症状包括尿频、血尿、排尿痛苦或用尽全力想要排尿。大部分尿路结石的病因是尿路感染。

通常使用手术治疗尿路结石，移除阻塞或建立另一个排尿管道。

肠炎
Enteritis

肠道发炎，导致腹泻。

症状

如果狗腹泻而且粪中带血，可能是肠炎。

根本病因

肠炎在年轻狗中很常见，引起肠炎的因素很多，最常见

\ 紧急指导 /

肠炎会威胁生命，必须尽早开始治疗。

的为大肠杆菌（*Escherichia coli*，简称为*E. coli.*），另一个主要因素是曲状杆菌。在人类身上，这类病原所导致的食物中毒被称为痢疾。

处理方法

观察狗的行为，粪便的量、颜色、硬度和气味，特别要注意粪便是否带血。

治疗

立即给予广效性抗生素，配合格林氏液来治疗。有时候需要一种甚至两种以上的抗生素。

诊断肠炎

在很多腹泻病例中，兽医可能需要采集狗的粪便进行化验，以找出有效的治疗方式。

费用

一出现症状就接受治疗的话，只需要低费用的抗生素疗程；如果需要更多治疗，费用就会明显地上升。

便秘
Constipation

狗无法排便（或者排便次数较平常少）。便秘是一种症状，本身并非疾病。引起便秘的原因很多。

症状

狗排出极干的粪便或使劲地想排出粪便，皆是便秘的症状。不同品种的狗以及不同的生活方式皆会影响排便次数，但是每一只狗每天应该排便1—4次才算正常。

根本病因

任何一种耗损性疾病皆能引起便秘，像是消化道的异物阻塞（通常阻塞在肠道）。公狗的前列腺肥大可能是另一个病因。

处理方法

规律地做运动，喂食带有高量的纤维质以及营养均衡的食物，可有助于预防便秘。

治疗

当病因是肠道阻塞时，必须动手术治疗。如果便秘与饮食有关，可能需要使用轻泻剂及改变饮食。

\ 紧急指导 /

所有与便秘相关的情况皆有潜在的危险，因此所有的便秘病例皆必须被谨慎地治疗，带狗去兽医院检查。

诊断便秘

必须施行理学检查，特别在直肠部位。许多病例必须施行X光检查以侦测是否有物理性阻塞。

费用

需要动手术的话，费用高。

可能产生类似症状的相关疾病

所有的狗都有可能患上便秘，年轻的狗较年长的狗更容易患病，特别是某些品种像是德国牧羊犬，很容易胃部不适和腹泻，很多兽医认为这些问题是来自于遗传，因为引起德国牧羊犬腹泻的主要原因之一是胰脏外分泌功能不足而造成消化性障碍。

血液样本通过一种特殊的仪器后，显示出与肾衰竭有关的任何异常现象。

肾衰竭
Renal failure

　　肾脏无法工作。在狗身体内，消化后的蛋白质废物必须经由肾脏排出，而且肾脏也会调控体内水的浓度、过滤血液以维持体液中各种化学物质的浓度。肾脏让废物通过肾元，以尿液的形式到达膀胱。肾元是肾脏的组成部分，移除血液中各种无用的物质，例如尿素、尿酸以及过多的钠。

症状

　　剧渴、尿量多（无论排尿的频率多或少，排出的尿量皆很多）、呕吐、腹泻、丧失食欲、体重减轻、口臭和贫血。

根本病因

　　原因很多，包括感染和物理性伤害，肾元无法正常运作而导致慢性肾衰竭，肾衰竭是极为严重而且通常是不可回复性的疾病，预后极差。肾衰竭很少在五岁以下的狗发生。

处理方法

　　如果狗出现肾衰竭的症状，必须立刻带去兽医院检查。

治疗

　　狗需要接受重症治疗，给予输液治疗、给予特制的饮食、静养并且服用药物。狗若罹患肾衰竭意味着会步向死亡，可能必须选择让你的狗永远入睡。

＼ 紧急指导 ／

肾衰竭会有生命危险，如果你怀疑狗患上了肾衰竭，不要犹豫，立刻联络兽医。

诊断肾衰竭

兽医可能安排尿检、X光检查、超音波检查。这些检测将找出肾脏无法运作的原因，亦即肾元无法移除血液中的尿素、尿酸和钠的原因。

费用

因长期重症治疗所需要的医疗而异，但费用不低。

肾衰竭是严重的疾病，狗必须接受输液治疗。

尿失禁
Urinary incontinence

不受控制地排尿。在母狗身上比在公狗身上更常见，特别是已结扎的母狗。

症状

如果母狗在躺着时或睡眠时不停地滴尿，它可能患有尿失禁，必须让兽医检查。如果一只狗（公狗或者母狗）在兴奋或者运动时滴尿，则是行为上的问题，而不是医学上的问题。

根本病因

尿失禁有很多病因，包括尿道瓣缺陷、泌尿系统有缺陷、尿结石、癌症（第95页），或前列腺问题（公狗，第73页）。

中大型母狗更容易有尿失禁的问题。有些品种更容易有此问题。

处理方法

当你带狗去兽医院时，顺便携新鲜的狗尿液。

处罚或者责备母狗尿失禁是很不公平的，主人应该要有所准备，让它能在夜里解放自己。

购买适合尿失禁母狗使用的床，或者是由大豆制成的袋子。这些袋子常被当作狗床销售，年纪大的狗会很喜欢这一种床。这类材质的床可以平均分摊动物的体重，又保暖又舒适，也不会被尿液浸湿而带来异味，因此不会危害到它的身体健康，在袋子表面涂上聚乙烯可以让袋子具有防水性。可以在床上覆盖几层厚报纸，并在报纸上面盖上旧毛毯或者毛巾，如果母狗在晚上尿失禁的话，弄脏的报纸就可以丢弃，而且毛毯也容易清洗。

治疗

可能需要手术让狗的膀胱复位。可借由封闭尿流的药物治疗来改善尿道的功用。

\ 紧急指导 /

本身不会有生命危险，但是有些造成尿失禁的病因则很严重，尽快征询兽医的意见是较佳的方式。

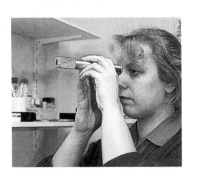

诊断尿失禁

采集尿液进行化验，为了能全面并且正确地诊断，可能需要X光检测和超音波检查。

顺势疗法

根据病因不同而异，低剂量的动情素、苛性钠、断肠草、时钟花、黑穗菌可能有效。请教兽医外科医生以得到更详细的顺势治疗方式。

费用

费用高。根据病因不同而有所不同。

肛门囊腺感染
Anal sac disease

　　狗有两个肛门囊腺，位于肛门下方，一个在八点钟方向，另一个在四点钟方向，分泌油状的浅棕色液体。当粪便通过肛门时，这些油状液体经由管状通道排出。液体气味对人类而言非常难闻，但它被狗当成在群体或者个体间自我辨识的工具。液体累积到一定量后会在每次排便时排出。

\ 紧急指导 /

应该立刻舒解狗的不适。

狗花很多时间舔舐肛门周围，也是患上肛门囊腺疾病的行为之一。若有此情形，应该让兽医检查。

症状

　　为了舒缓不适，病犬会舔舐肛门周围，然而将因此造成更多问题。因为舔舐肛门囊腺会使感染源从肛门腺散播到狗的口部或喉咙，引起扁桃体炎或咽炎（第19页）。体重过重的狗可能无法碰触到自己的肛门腺，它们会不断轻咬或者舔舐侧腰的部位，以解除肛门附近的疼痛。

　　其他症状包括啃咬四肢、沿着地板拖曳下背部、肛门囊腺有特殊味道，如果肛门囊腺被感染，会有溃疡的情形，分泌的棕色液体会带有血液、脓汁以及恶臭。

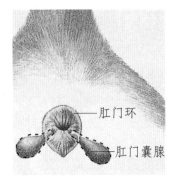

肛门区域的纵切面。

根本病因

　　若肛门囊腺的分泌物变浓稠状，可能是因为感染让分泌物更难排出而导致的。狗分泌的速度比较快，或者肛门附近的肌肉活动频率改变，皆可能导致满溢。液体在肛门囊腺里堆积，肛门囊腺可能被感染，引起狗的不适和疼痛。

　　我们无法知道哪一只狗会有肛门囊腺的问题，有些小型犬似乎较容易有肛门囊腺的问题。很多狗从未有肛门囊腺问题，有些狗却不断发生。

兽医进行直肠检查。

处理方法

　　如果你的狗有上述的症状，应该让兽医检查一下。如果肛门囊腺有液体溢出，应该立即请兽医检查。

治疗

　　如果病因来自于满溢的肛门囊腺，兽医会清理掉，这样一来，就可以解除狗的不适感。如果肛门囊腺已经被感染，必须对狗进行麻醉之后将肛门囊腺冲洗干净。肛门囊腺感染的狗需要服用抗生素。

诊断肛门囊腺感染
兽医进行直肠检查。

费用
治疗轻微的肛门囊腺阻塞的费用非常低，如果肛门囊腺感染的话，收费将会提高。

狗沿着地面拖曳下背部是患上肛门囊腺感染的行为之一。

运动

Movement

　　哺乳类动物的运动（或移动）是借由肌肉骨骼系统而发生的，肌肉骨骼系统由肌肉、骨头、韧带、软骨、肌腱（使肌肉连接至骨头）以及其他的支持性构造组成。此系统也支持及保护动物的重要器官。

　　狗的前肢是借由肌肉将前肢连接到躯干上，而非由窝关节连接，这种设计对于像狗这种必须以跑动来生存的动物来说相当理想，因为它可以作为避震器，不会使骨头与骨头间的连接造成摩擦。狗的后肢产生主要的推进力，因此它们必须借由坚固的骨头（即骨盆）与躯干联结。

　　正常情况下，狗全部的骨头、肌肉、韧带、软骨、肌腱以及其他支持性结构彼此间的完美合作让狗能够运动。然而，意外总是会发生，某些疾病会干扰肌肉骨骼系统的运作。任何与肌肉骨骼系统相关的失调问题或者小疾病皆可能令狗极度疼痛，甚至残废。

跛行
Lameness

如果狗无法正常移动或者以不正常的步态移动则称之为跛行。

症状

蹒跚而行，或者奇怪地、痛苦地、很费力地移动，狗狗不愿意把重心放在受伤的腿上，或者受伤的腿外观异常。

根本病因

导致跛行的原因有很多种，但通常会是四肢或者支持组织的疼痛症状。跛行也可能是因为短肢畸形或者四肢肌肉异常缩短。

有些跛行很容易治疗，例如脚上有碎片或者爪子破裂，其他种类的跛行可能是因为老狗的部分组织磨损（见关节炎，第35页）。

处理方法

如果发现了突发性轻微跛行的情况，第一步要检查狗的爪子，小心地检查一些明显的伤害，例如割伤、擦伤、异物、毛球，或者沙砾；伤口可能在脚的其中一个肉垫上，如果造成伤口的异物是一些小草种子，可以小心地用镊子移除，以生理盐水冲洗伤口后，涂抹一些抗菌药膏。

长毛狗的脚也长有长毛，像是英国史宾那猎犬，脚趾之间的毛聚集成团，让狗行走时感到非常不舒服，所以应该要温柔地剪掉那些打结的毛，使用圆头的剪刀可避免狗移动时刺到狗的脚。修剪毛时最好有另一个人在旁加以协助。

在冬天，为了减少雾、冰及雪的影响，人们会在路上铺上沙砾，狗走在路上会沾到沙砾。沙砾容易进入狗脚缝内而使行走变得极度疼痛。在步行经过这种路面之后，检查它的脚，如果脚里有沙砾，可在温水里清洗一下，然后再检查足部，在皮肤发炎或破损处涂抹抗菌药膏。

> ### \ 紧急指导 /
>
> 通常跛行是渐进性的，若不及时治疗问题会越来越严重。若是狗发生了无法正常行走的突发性跛行，必须尽早咨询兽医。

诊断跛行

应该对生病的脚部或腿部施行理学检查。兽医可能动用X光及其他检验来找出跛行的病因。

费用

轻微的跛行通常容易治疗，因此费用低廉，但是其他跛行的病例可能牵涉相当复杂而且昂贵的治疗，例如手术。

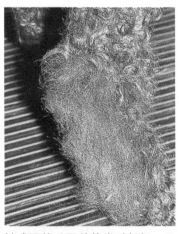

被成团的毛覆盖的脚对任何一只狗来说都非常不舒服，所以应该在问题发生之前，把毛修剪掉。

在夏季月份里，草的种子对狗来说是潜伏的危机，特别是那些花相当多时间在草地上奔跑的活泼狗。草的种子特别危险，因为它们的形状有利于它们"蠕行"进入皮肤，但是极难取出。

治疗

轻微的突发性跛行的问题因为容易治愈，所以治疗很简单。不过急性跛行的治疗完全视基本病因而异。

如果草的种子已经进入狗的皮肤内而且无法找到，可能必须施行手术加以移除。

关节炎
Arthritis

关节发炎。最常影响狗的关节炎有两种类型——退化性关节炎及创伤性关节炎。

症状

关节肿胀、行走困难、跛行。

根本病因

退化性关节炎可能是关节本身的疾病，或是其他疾病像是髋关节发育不全症（第44页）的结果，创伤性关节炎则是因为关节受到了直接的伤害，这些伤害可能由车祸，或是运动时扭伤。

退化性关节炎是一种渐进的、极度疼痛而且会严重破坏狗的生活质量的疾病。它可能影响一个或多个关节，病情的严重性取决于哪一个关节受到影响以及狗的全身健康状况。体重过重的狗较可能罹患退化性关节炎。

关节炎可能是营养不均衡的结果，特别是在狗的生命的最初几个月。它可能是遗传性的，或者是辛劳的农作加上年纪增长之后的结果，后者几乎发生在所有上了年纪的狗身上，因为不管什么天气，它们已习惯奔跑和工作。它们住在无法

> **＼ 紧急指导 ／**
>
> 所有退化性关节炎的病患皆要认真地接受治疗。千万不要等到你的狗不能行走时才去找兽医。

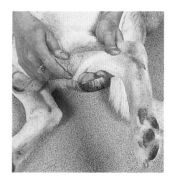

维持足够温暖的狗舍里，如果工作任务还没完成的话，可能必须睡在冰冷的地板上。

处理方法

根据兽医的详细解说谨慎地让狗进行锻炼，在很多病例上证明有益。游泳是不错的选择，它可让狗的肌肉运动，而不会对生病的关节施加压力。

治疗

关节炎的治疗包括抗发炎药物及止痛剂，要特别小心地控制狗的运动量，经常给狗按摩。某些病例中，像是牵涉到狗髋部的退化性关节炎，兽医可能建议对狗进行髋关节置换术。

诊断关节炎

理学检查和观察狗的动作能带给兽医疾病的相关讯息。诊断通常必须做的检查是X光检查和化验关节中取出的液体样本。

费用

如果确定是退化性关节炎，接下来的治疗将会是昂贵的。

椎关节粘连
Spondylosis

脊柱骨的退化性疾病。

症状

脚拖曳和缺乏协调性。

根本病因

在遗传学上，有些狗较容易患上椎关节粘连，在较大型狗像是大丹犬和杜宾犬中较常见。常见于年龄介于8—12月大的狗，它也可能发生在磨损撕裂之后，因此也会在年纪较大的狗身上看到。

治疗

椎关节粘连并没有治疗的方式，兽医也只能缓解此病带来的疼痛及不舒适感。没有必要让你的狗永久睡眠，除非兽医认为它处在极度痛苦之中。

\ 紧急指导 /

任何一只出现椎关节粘连症状的狗都应该尽早把它带去给兽医检查。

诊断椎关节粘连

兽医会借由X光检查（放射线照影）加以确诊。

费用

因为没有实际的治疗存在，唯一相关的费用来自请教兽医和用来减轻疾病所带来的疼痛及不适感的药物。

麻痹
Paralysis

无法移动肢体或身体的其他部位，或是部分身体丧失知觉。

症状

麻痹是神经系统被破坏后的症状。受影响的肌肉无法正常运作，内部器官可能受到影响。四肢受到影响的话，可以很明显地看到狗拖拽着行走。然而，麻痹若发生在内部器官，症状可能不会如此明显，狗通常只显示出像是"面有病容"或者"不像平常"的症状。

根本病因

麻痹是由脑部、神经或者脊椎的外伤引起的，车祸是这类伤害的主因。传染性疾病和感染也可能引起麻痹。

处理方法

令狗保持安静以及避免任何移动，直到兽医施行彻底的检查。

治疗

治疗的有效性会根据神经受伤的程度，以及从受伤到开始治疗之间所消耗的时间而定。所使用的治疗方式也视病因而定。

\ 紧急指导 /

所有麻痹的病例必须在意外（受伤）之后，尽快由有资格的兽医诊疗。

诊断麻痹

可能会用X光和超音波检查来确定麻痹的基本病因。

可能产生类似症状的相关疾病

退化性椎间盘疾病（第37页）

费用

麻痹的病因很多，以至于治疗费用也有差异。

退化性椎间盘疾病
Degenerative disc disease

狗脊柱下方一个或多个椎间盘破裂（退化）。背脊骨间的软骨层，也就是我们所知的椎间盘，它们把脊柱里的骨头一块一块地分隔开，并在脊椎弯曲和运动的时候，作为缓冲吸收运动能量。椎间盘本身包含坚硬的纤维质外层

\ 紧急指导 /

在所有退化性椎间盘的病例中，要尽早询问兽医的意见。

带（也就是环状纤维），外层带包着类似胶状的中间区（也就是髓核）。该病会让脊椎更易受伤，而且不可避免地导致脊髓损伤。

症状

退化性椎间盘疾病的症状视问题的严重度和位置而异。较轻微的病例中，对于脊髓只有轻微的压力，狗不愿动弹，像是上厕所或进食。如果狗有运动，它可能会吠叫或发出尖锐的声音。即使它想要走动，步态可能不协调及蹒跚状，常常被自己的脚绊倒，或者几乎没有足够力量行走。

椎间盘完全断裂的症状比部分裂开的症状来得更严重。在严重病例中，可能产生部分甚至完全麻痹。

有些病例中，似乎只有一只脚受影响，有些病例则是四只脚皆受影响。颈部以上受伤会产生较严重的症状，麻痹范围扩大到膀胱导致尿失禁相当常见。虽然脊柱的任何部位皆会发生断裂，但是较可能发生在狗的骨盆和最后一根肋骨之间以及颈部。

根本病因

随着狗年纪愈来愈大，退化是不可避免的，但也可能是因为动物的生活方式：工作犬或极度好动的狗的椎间盘会比小宠物狗更易遭受磨损和撕裂。

椎间盘里类似胶状物的中间区（避震作用）的髓核开始退化，使椎间盘的功能和弹性降低，这让受影响的椎间盘无法正常工作，即使是普通的日常活动对生病的狗都可能会感到极度痛苦。

狗已经罹患退化性椎间盘疾病（狗主人甚至可能没有察觉到）时，突发性的或严重的外伤可能引起椎间盘反应，使髓核被挤压进入髓管，导致脊髓与相关神经严重损伤。在严重病例中，简单的活动像是跳下沙发，就足以引起断裂。脊髓管里的断裂导致少量髓核进入了脊髓管，这叫作部分断裂，当整个髓核进入髓管时叫作完全断裂。

很多兽医建议使用水疗或游泳帮助患有轻微退化性椎间盘疾病的狗。

身体比较长的狗像是腊肠狗，极易患上退化性椎间盘疾病。虽然任何品种皆会遭受这种折磨，不过肥胖的狗特别容易患病。

诊断退化性椎间盘疾病

X光通常可以精确指出受伤的正确位置，如果找不到，兽医可能使用更精准的测试，即脊髓造影。脊髓造影就是往脊柱里直接注射可在X光检验时可见的照影剂。脊髓造影不仅显示问题的正确位置，也可以显示椎间盘本身受伤的程度。

体重过重的任意品种狗皆较易罹患退化性椎间盘疾病。虽说任何品种的狗皆可能罹患此病，不过长背的狗，例如腊肠狗最可能患病，其他易患病的品种包括米格鲁犬、可卡犬、拉萨犬、北京狗以及贵宾犬。少数品种中症状可能更早发生。

处理方法

预防胜于治疗，你可以采取一些步骤帮助狗减少罹患退化性椎间盘疾病的机会。第一，千万不要让狗体重过重，因为这会急剧提升狗罹患脊椎问题（或其他疾病）的危险性。如果你已知自己的狗是较易有脊椎问题品种，要尽量减少它奔跑和跳跃的机会，包括在家里的家具上下跳动。给它买张床，床只需要高出地面一点点就好。只要你不允许狗跳到家具上，它就不会产生跳跃的念头，这样就可以避免发生问题。

治疗

症状变严重是指脊髓已经受到严重伤害，而且治疗非常不乐观，这个阶段的治疗很难有效果。轻微病例中，只要症状被确诊，精确地找到受伤位置后，即可开始治疗。治疗会完全视断裂的程度或椎间盘受伤的程度而定。在非常轻微的病例中，通常都是以严格禁闭（也并非总是，会把狗关在兽医的外科手术室里）两周来开始治疗。在禁闭期间，狗因为感到不舒服，所以会静躺不动，不过这能让它得到完全休息，避免造成进一步的伤害。接着在严格的兽医监督之下进行每天两次的物理治疗疗程，每次持续约15分钟。很多兽医喜欢使用水疗（游泳）疗程，让狗运动却不会对生病的关节施加过度的压力。

兽医可能在狗禁闭期间注射抗发炎药物，而且如果需要的话，会进行手术以缓解破裂的椎间盘加诸于脊髓的压力。最好在受伤后24小时内进行手术，即半椎板切除术和椎板切除术。

许多兽医会建议将病情严重或者手术不成功的狗施以人道安乐死。

骨折
Fractures

因为直接或间接压力导致骨头受伤，骨头可能弯曲、裂开、爆裂、粉碎或者断裂。如果骨头破裂并且刺穿皮肤，即是开放性或复合性骨折。如果破裂但没有刺穿皮肤则是闭锁性或单纯性骨折。虽然骨折最常发生于脚和腿部，但是体内任何骨头皆可能发生骨折。

症状

四肢移动困难、易触痛、肿胀、肢体失去控制、肢体变形、肢体不自然的移动、有捻发音（指在极严重病例中，断骨两端互相摩擦发出的声音）。

根本病因

大部分骨折是因为坠落、车祸，或狗被马或类似动物踢到。幼犬的骨头较柔软，可以承受较大的外伤而不骨折。然而，若是狗吃的食物里缺少钙，骨头则不会发育强壮，很容易发生骨折。

处理方法

让狗保持安静，固定它受伤的肢体，必要的话使用绷带和夹板固定，以避免患肢移动产生更大伤害。抬高受伤肢体有助于减少不适和肿胀（减少血流量）。每一个（疑似的）骨折病患皆应找兽医治疗。

治疗

视骨折的程度和位置而异，但是目的皆是让骨头能自行修复。第一步先连接断骨两端，避免它们移动直到修复完成。将骨头碎片复位最常用的方法是使用铸件和夹板。方法一般是把断裂端以人工方式移回正确位置后，再以坚固的夹板和（或）石膏固定。

可能需要进行手术将金属板旋到骨头上，有些病患只需使用螺钉固定骨头。固定长骨（例如大腿骨）常用的一个方式是使用长金属钉，一旦以人为方式将断骨驳回原来的位置上，骨钉会穿过骨髓插入骨头中央。用金属钢丝来防止骨头的移动或扭转。

＼ 紧急指导 ／

如果怀疑你的狗有断骨，应该立即寻求兽医治疗。骨折可能导致其他并发症，特别是不及时治疗时。虽然车祸中最明显的伤害是骨折，但是也会受到其他可能威胁生命的伤害。

诊断骨折

几乎都是用X光检验来确诊骨折以及判断骨折的程度。

费用

多重复杂性骨折可能需要打骨钉。在某些病例中，为了完成所有工作必须动一次以上的手术，整体的费用就会上升。

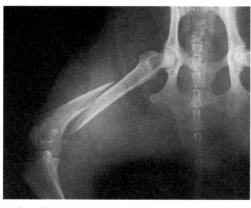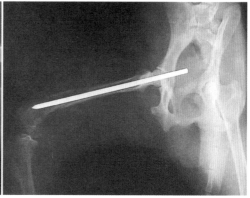

治疗之前（左图）及之后（右图）的股骨骨折的X光片。可以看到骨钉插进股骨的中间，在恢复前加强并支持股骨。如果是严重的骨折，在狗恢复健康到可以返家之前，可能必须提供特别的看护。

　　大多数的狗在手术后数小时或数天内可以返家休养，其他严重的病患则必须住院以获得最完善的照料和治疗。一旦你的狗回到家，必须给予兽医处方的止痛剂和抗生素（应付任何感染），以及可能要更换敷料。遵从兽医所提供的用药、喂食和运动的指示是很重要的。你可能必须带狗回诊所做定期检查，移除石膏、夹板、螺钉或金属板。

　　无论用哪种方式来修复骨折，狗的恢复速度都是视数种因素而异。年轻的狗较年纪大的狗恢复快，只断成两段的骨头比断成多段的骨头恢复快。无论其他原因为何，只要发生感染就会延长痊愈时间。

脱臼
Dislocation

骨头脱离关节位置。

症状

疼痛及肿胀、无法移动及麻痹。这些症状通常会导致休克（第113页）。

根本病因

脱臼的原因包括严重的坠落、车祸、打架，甚至是正常的急速动作和跳跃。某些髋部明显脱臼者的病因属于先天

> **＼ 紧急指导 ／**
>
> 所有疑似与关节脱臼有关的症状皆应该寻求紧急的兽医治疗。

性，这代表问题在一出生时就存在，可能一开始即是遗传的（见髋关节发育不全症，第44页）。外伤是髋部脱臼的另一个病因，髋部正好位于伤口上方。

处理方法

如果你怀疑狗的关节脱臼，应该令狗保持不动和安静以及立刻寻求兽医的治疗。

治疗

通常包括将关节接回正确的位置。虽然在狗身上进行这些程序时，有些狗是清醒的，但是大部分的狗需要接受镇静剂注射或麻醉，可能还需要止痛剂。休息有助于稳定病情，简单的运动有助于让狗完全康复。

在兽医治疗完毕之后，狗可能需要肢体支撑架。

费用

轻微关节脱臼病例的费用不会太高，虽然并发症（像是韧带受损）会增加治疗的费用，但是通常脱臼只是严重意外导致的众多伤害中的一个。

可能产生类似症状的相关疾病

骨折（第40页）及麻痹（第37页）。

诊断脱臼

X光和理学检查有助兽医正确地诊断问题。

运动不耐
Poor exercise tolerance

该病会让运动变得困难，导致狗缺乏运动，特别是活泼的工作犬像是英国史宾那猎犬和杰克罗素犬。然而，有时候一只活泼的狗在运动时也会有此问题形成。

\ 紧急指导 /

关节受伤是一种扭伤，关节里的软骨和（或）韧带也有可能受到伤害。虽然疾病本身并不危险，但是会疼痛。如果没有适当地治疗，最后可能导致退化性关节炎（第35页）。退化性关节炎的伤害通常是永久性的。

症状

虽然是正常的活动，却会产生疼痛和不舒服。

根本病因

运动不耐通常直接原因是关节发炎（关节炎，第35页），或球窝关节形成不良，特别是在髋部（见髋关节发育不全症，第44页）。肌肉生病（例如受细菌感染）的话，使用肌肉病变这个名词，肌肉发炎则使用肌炎这个名词。

处理方法

预防总是胜于治疗。确保狗进入狗舍前是干爽的。如果地板是冷水泥，应该将狗床垫高至离地板10厘米，而且给它一些床被。

除非是兽医的指示，否则要极小心地给予挫伤用的止痛剂。

止痛剂容易麻痹狗，使它有伪安全感而使用受伤的关节，引起更严重的伤害。

治疗

在轻微肌肉病变的患犬中，例如狗轻微地跛行达24—36小时，只要让它休息就可以减缓病情，如果过了这段时间仍会跛行，应该寻求兽医的建议和治疗。

狗喜爱玩耍和运动，当这种情形改变，代表有问题产生。

诊断运动不耐

理学检查和X光检查。

费用

扭伤的治疗费用很低。

可能产生类似症状的相关疾病

跛行（第34页）、麻痹（第37页）、髋关节发育不全症（第44页）、关节炎（第35页）。

脊椎结构不稳定
Vertebral instability

这也就是犬摇摆综合征，主要影响狗的颈部。

症状

不协调以及虚弱。看狗的行为表现似乎不痛，可能出现麻痹症状。

根本病因

脊椎结构不稳定是因为脊椎骨粘连，常见于杜宾犬和大丹狗，被认为是遗传性的。任何一只狗皆可能因为外伤引发此疾病。

处理方法

令狗保持安静，立即寻求兽医的建议。

治疗

抗发炎药物，在很多病犬需要手术治疗。

\ 紧急指导 /

尽快寻求兽医的建议。

诊断脊椎结构不稳定

兽医会使用X光加以确诊。

费用

如果手术是必需的，可能需要施行一个以上的手术，费用昂贵。

可能产生类似症状的相关疾病

麻痹（第37页）。

髋关节发育不全症
Hip dysplasia

髋关节的发育不全。本病特别常见于某些品种的狗（见下文）。

症状

患了关节扭曲的狗正常使用髋关节会导致髋关节不同程度的发炎和退化，这令狗疼痛，让它的正常活动变得极度困难。

基本病因

髋关节发育不全症是因为髋关节的发育不全，导致股骨的头（球）摩擦（而且是无时无刻地在摩擦）骨窝，从而引

\ 紧急指导 /

在狗出现髋关节发育不全症状时，就要带它到兽医院检查。

发严重的疼痛和行走艰难。髋关节发育在14—16周龄时特别重要，这段时间是幼犬成长特别快速的时期。

　　主因无疑是遗传性的，在狗早期几个月的营养不良也易患上此病。已知拉布拉多犬和德国狼犬有此遗传性疾病，品种团体组织强烈要求育种者在让狗配种前测量"髋关节评分"。购买者决定购买幼犬前要先检查它父母的髋关节评分。

处理方法

　　世界各处有许多领导团体经由X光测定来探讨狗髋关节发育不全的程度。严重髋关节发育不全症会得到高分，然后将总得分加以计算后得到该品种的平均分数，让育种者方便参考。只有髋关节评分小于平均分数的狗才能被用来配种。当育种者挑选用来产崽的种犬时，应该寻求那些已生产过低髋关节评分后代的种犬。

　　如果你正考虑让狗配种，应该询问关于狗髋关节的事情，让兽医帮你测量。只有最高质量的放射线影像才能用来测量分数，所以狗必须接受镇静剂注射甚至麻醉，接受长达一整天的兽医测量。

治疗

　　轻微病例中，饮食和温和的运动（通常伴随注射止痛药）在短期内有助减缓病情，然而，疾病最后仍会导致极度具伤害性的退化性关节炎（第35页）。若是年纪较大的狗就需要进行手术，可能还需要接受狗骨盆重建或髋关节置换的手术。

诊断髋关节发育不全症

理学检查和放射线照影检验是确诊髋关节发育不全症病因所必需的。

费用

在全部轻微疾病中，治疗髋关节发育不全症的费用会是昂贵的。

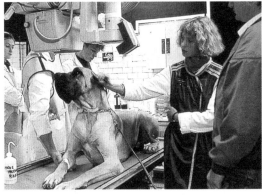
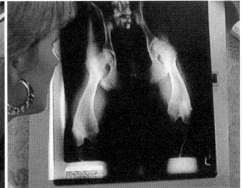

许多大型犬会罹患先天性髋关节发育不全症，所以应该在被用来配种前测量"髋关节评分"，这就包括兽医对狗的髋部照X光。

Part5

呼吸和循环
Breathing and Circulation

呼吸系统
Respiratory system

氧气经由呼吸系统供给到狗的身体各部位。空气经由口部和鼻子吸入，流经气管进入位于胸腔的肺脏。

气管是内壁长有环状软骨的管子，环状软骨有助于避免气管在正常呼吸时塌陷。气管通过胸腔后分枝成较小的管子，也就是支气管，支气管再分枝成更小的管子即细支气管，细支气管末端是大量的肺泡，经由肺泡将二氧化碳排出身体系统以及吸入氧气。

如同经空气传播的细菌一样，小颗粒碎片容易进入呼吸系统，但是气管内层细胞和支气管会产生黏液，黏液有助于拦住碎片和空气中的污染物，避免它们到达呼吸系统深处。呼吸道也具有指头状的细小突出物，即纤毛。纤毛是以物理性的方式移除污染物的。污染物以及包裹住它们的黏液会引起咳嗽，将黏液和碎片排出狗的身体。

呼吸系统与身体内供给血液的循环系统彼此合作。肺部的血液来自于由心脏发出的动脉，即肺动脉。肺部将氧气传送到血液，充氧血被带回心脏，心脏把充氧血输送到身体各处。

缺乏或者没有足够的氧气，狗的身体便无法正常运作，因为氧气是狗体内部所有化学反应的基础原料。狗的呼吸系统有另一个同样重要的作用——控制体温。任何呼吸系统的相关问题都会对狗的健康带来严重的后果。

传染性呼吸道疾病（犬舍咳）
Contagious respiratory（diseaseKennel cough）

症状

严重的咳嗽，在狗使尽全力或者拉绳子时情况会更严重，狗可能会不断咳嗽，直到干呕为止，有时候会咳出黏液。可能有鼻腔分泌物以及体温过高的情形（发烧）。

根本病因

由细菌博德氏支气管败血症杆菌（*Bordetella bronchiseptica*）或犬副流行性感冒病毒所引起的，或两者共同作用。

处理方法

隔离患犬。正常情况下，狗在10—14天内会自行痊愈。如果没有，应该寻求兽医的建议。

治疗

严重病例的治疗根据病因不同给予抗生素。直到最近，许多兽医还会使用镇咳剂，但是大部分现代兽医认为镇咳剂对患狗用处不大。

狗可以接受疫苗注射以对抗犬舍咳。兽医将疫苗喷在狗鼻腔内部，刺激对抗感染的抗体产生。如果你计划将狗放入运输笼，像这样的保护是必要的。

诊断传染性呼吸道疾病

要确定引起该病的微生物，需要做理学检查、血液检查以及狗的喉咙试样化验。

可能产生类似症状的相关疾病

呼吸问题可以由多种疾病引起。犬心丝虫是生存在心脏右侧的寄生虫，它们聚集在肺动脉，使得流到肺部的血量减少，因此狗的氧气供给量减少，导致呼吸困难。慢性支气管疾病（支气管炎，第48页）是另一个可能导致类似症状的疾病。

\ 紧急指导 /

虽然疾病本身并不严重，但如果狗因咳嗽显得痛苦甚至不进食，就应该接受兽医的治疗。即使不接受任何治疗，患犬通常在10—14天内会完全康复。如果狗处在高危险区域，像是运输笼（因此才有此俗名——"犬舍咳"），建议在这之前要接受疫苗注射。

狗感染传染性呼吸道疾病后接受治疗进而引起肺部严重伤害的情形并不罕见。

顺势疗法

对干呕式的咳嗽，使用毛毡苔或马钱子。对发出嘎嘎声的咳嗽，则使用苦甜茄或锡。对咳嗽使用小干果会产生黏液。

费用

因为大部分病例中只需要些轻微治疗，费用不会太昂贵。只有在二次感染发生时，费用才可能增加。

慢性支气管疾病（支气管炎）
Chronic bronchial disease（Bronchitis）

呼吸道发炎导致过多的黏液分泌，进而减少呼吸道内供空气流通的空间。如果发炎反应一再发生，将导致呼吸系统永久性的伤害。如同人类的雪茄烟雾或其他污染物会伤害呼吸系统一样，有抽烟的人饲养的狗较其他狗容易罹患支气管炎。

症状

不断咳嗽、咳出黏液、正常运动时或运动后会精疲力竭以及呼吸速度加快（狗的正常呼吸速度为每分钟15—30下）。

根本病因

常见的病因是长期暴露在污染的空气中，所以年纪较大（中年以上）的狗较易罹患慢性支气管疾病。小型犬特别容易患病，可能是因为同样小的呼吸系统使呼吸道较容易被阻塞。肥胖的狗也较容易得病（其他疾病亦同）。

处理方法

如果你的狗已经罹患支气管炎，要避免在很冷的天气下带它散步，因为冷空气可能刺激呼吸道。你可以带狗到有水蒸气的环境下，例如刚洗完热水澡的大型浴室里，水蒸气有助于减少阻塞，帮助狗减缓呼吸道问题。

治疗

任何患有严重慢性支气管疾病的狗都可能需要长期治疗。正常状况下，治疗包括控制感染的抗生素，以及减少黏液产生和囤积的药物。

费用

很多慢性支气管疾病病患需要长期治疗，因此费用昂贵。药物治疗包括抑制黏液产生的药物以及控制感染的抗生素。通常兽医必须在狗身上尝试不同的药物组合以找出最佳的治疗方式。

\ 紧急指导 /

千万不要忽略任何可能是支气管感染的症状，即使它是轻微的，都必须寻求兽医的建议。

诊断支气管炎

正常情形下使用理学检查诊断疾病，随后进行Ｘ光检查以及化验黏液。

可能产生类似症状的相关疾病

传染性呼吸道疾病（第47页）。

小型犬因其呼吸系统较小，而容易罹患支气管疾病。

鼻炎
Rhinitis

狗的鼻道发炎。

症状

鼻腔有分泌物，不断地打喷嚏。

根本病因

细菌或霉菌感染。分泌物只从一个鼻孔流下（单侧有分泌物），通常是霉菌感染、外伤或是癌症。分泌物自两个鼻孔流下（双侧有分泌物），通常是细菌或病毒感染。霉菌感染通常是烟曲菌（*Aspergillus fumigatus*），它也会引起鸟类和人类曲菌病。如果它是引起狗患鼻炎的原因，则鼻分泌物会是浓稠且绿色的，可能持续分泌很长的时间——常常数个月。鼻炎也可由陷在鼻腔的异物或者鼻肿瘤引起。

处理方法

让狗保持安静，不允许它用力。尽快寻求兽医的建议。

治疗

如果基本问题是源自于细菌感染，兽医会使用抗生素治疗，你应该照指示完成整个疗程。如果原因是阻塞，可能需要施行手术加以移除。如果原因是癌症，兽医会建议你最好的治疗方式。霉菌感染可使用抗霉菌药物治疗。

> ＼ 紧急指导 ／
>
> 如果你的狗出现任何相关症状，必须寻求兽医的建议。

诊断鼻炎

化验鼻分泌物来诊断基本病因。如果疑似阻塞造成鼻炎，X光检查是必需的，除非单从理学检查即可发现病因。

可能产生类似症状的相关疾病

鼻窦炎是鼻腔内黏膜面的发炎反应，可能产生类似症状，需用抗生素治疗。

费用

如果可以用单纯的抗生素疗程治疗，费用低。如果需要施行手术，费用将相对地提高。

气管塌陷
Collapsed trachea

内壁有环状坚硬物质（即软骨）的气管塌陷引起的疾病。

> ＼ 紧急指导 ／
>
> 气管塌陷会影响狗的呼吸，因此必须寻求紧急的兽医治疗。

症状

咳嗽（通常被形容成鹅的叫声）、呼吸困难（特别是在运动时）是气管塌陷的症状。

根本病因

气管塌陷是由于支持气管的软骨环之间的肌肉衰弱，导致气管在吸气或呼气时塌陷和扁平，可能突然减低狗的呼吸能力导致它有生命危险。

主要发生在年龄6岁以上的小型宠物犬身上，特别是约克夏犬和玩具贵宾犬。

处理方法

试着尽可能让狗舒服，让它保持安静直到获得兽医的协助。

治疗

严重的气管塌陷病例是需要手术的，通常是插入支持环加以矫正，支持环通常是由聚丙烯或类似材质做成的。

....

可能产生类似症状的相关疾病

传染性呼吸道疾病（第47页）和慢性支气管疾病（第48页）。

....

诊断气管塌陷

X光和内视镜检查可有助于兽医确诊及确定病因和病情。

....

费用

需要手术时，费用会相当高。

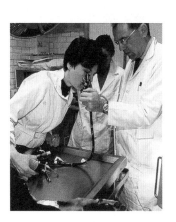

肺炎
Pneumonia

肺的内部组织发炎。

症状

不断地咳嗽、咳出大量的痰和黏液、呼吸困难、不愿运动甚至连动都不想动、发烧、疲倦以及缺乏对食物的兴趣。患有肺炎的狗的典型特征是会展开前肢站着，头下垂，不断咳嗽，渴望吸入更多的空气。

\ 紧急指导 /

应该紧急寻求兽医的建议，因为肺炎会有生命危险。

根本病因

肺炎可由细菌或病毒感染引发，不过并非所有肺炎病患的病因皆为此。肺炎也可因吸入食物或呕吐物、烟甚至化学物质所引起，这些情况极可能导致二次细菌感染。

处理方法

寻求兽医治疗时要让狗保持安静，没找到兽医之前，要确保狗饮入足够的液体。大部分的兽医都知道疾病的严重性，所以会尽快地看诊。

治疗

因呼吸道分泌物增加而流失大量体液，可能需要静脉输液治疗。兽医可能要求狗住院，注射令呼吸道扩张的药物帮助呼吸。

对兽医来说，要移除吸入性肺炎的异物几乎是不可能的，所以狗很难完全康复，在它的余生里会伴随着咳嗽。

诊断肺炎

虽然必须使用X光检查才能确诊，但是使用听诊器就可以听到肺部不正常的声音。血液检查会出现比正常值更高的白细胞数量。通常兽医会采集呼吸系统的液体和黏液样本以找出正确的感染病因，这将有助于找出最有效的抗生素或抗霉菌药物。

可能产生类似症状的相关疾病

传染性呼吸道疾病（第47页）和慢性支气管疾病（第48页）。

费用

昂贵，特别是当吸入呕吐物或食物引起续发二次感染时，需要高剂量的抗生素或抗霉菌药物以及用来打开呼吸道的药物，也可能需要静脉输液，因此费用特别高。

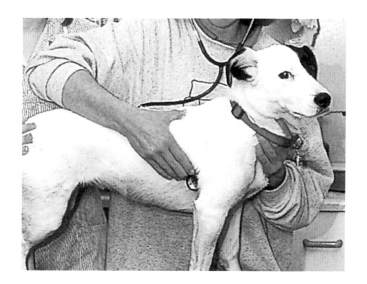

循环系统
The circulatory system

　　循环系统是一连串遍布全身的管子，带动血液循环。循环系统的驱动力来自心脏。与循环系统有关联的是淋巴系统，淋巴系统携带着身体内含量最多的组织液，即淋巴液。

　　循环系统有两部分——肺循环和体循环。肺循环使缺氧血从心脏移动到肺脏，在肺脏二氧化碳被排出身体，氧气被吸入。充氧血回到心脏后，体循环将充氧血从心脏带到全身的组织和器官，以及将缺氧血带回心脏。

　　血液被大血管即具有厚肌肉壁的动脉带离心脏。在器官内部，动脉变成较小的小动脉，在这些器官的组织内部，小动脉变成更小的微血管。血液在静脉内的压力比在动脉内低。

　　脑、心和肾具有"末端动脉"系统，微血管分支遍布这三个器官但并不彼此连接。通常认为这些末端动脉在血压突然下降时会提供保护，例如大量血液流失之后，狗会把身体的血液挪用至重要的器官，因为其他身体器官可以在少量血流中存活一段时间而不致受到伤害。如果末端血管阻塞（例如有血栓），血流将被完全阻断，组织将会死亡。正常的微血管床中，如果有一条血管阻塞，仍有许多其他路径让血液到达组织。

　　血液本身便有很多功能，包括：

＊ 运输氧气到组织；

＊ 运输二氧化碳离开组织；

＊ 运输水到组织；

＊ 调节体温；

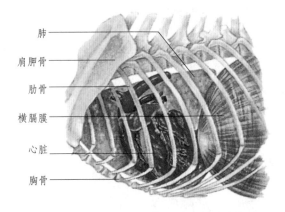

肺
肩胛骨
肋骨
横膈膜
心脏
胸骨

狗的心脏的侧面图。心脏被肺脏环绕和被胸廓保护。

＊ 有助于维持组织内的正确pH值〔pH是测量酸性（低pH）或碱性（高pH）的方法——pH7是中性〕；

＊ 运输废物远离组织；

＊ 运输食物到组织；

＊ 血液凝集以阻止出血；

＊ 运输荷尔蒙至全身各处；

＊ 运输生物酶至全身各处；

＊ 运输抗毒素和抗体至全身各处（为了对抗感染）。

血液的红色来自于红细胞内充氧的血色素——含铁的蛋白质。白细胞主要的任务为保护身体不被感染。血液里还有血小板，血小板帮助凝血并避免出血。维生素K对于凝血相当重要，某些毒鼠药（例如Warfarin）会破坏维生素K，阻止血液凝集。

心脏问题

狗的心脏问题非常常见，除非有正确地接受治疗，否则可能导致心衰竭。只要出现心脏内的血液移动减缓的情况，狗的血压就会上升，肺部或腹部可能会有液体堆积。这些因素都可能导致郁血性心脏衰竭，严重程度视心脏何处发生问题而定。为了了解潜在的心脏问题，有必要更靠近心脏加以观察并了解它的作用方式。

心脏是具有四腔室的双泵结构，位于胸腔中央。在正常情况下，血液经由腔室静脉（大型的静脉）进入心脏的右心房（顶端的腔室），随后进入右心室（较下方的腔室），再经由肺动脉被泵入肺部。从肺部归来的血液经由肺静脉进入心脏的左心房，随后被泵入左心室，血液从左心室离开，经由大动脉开始在狗身体各处"旅行"。

心房和心室由瓣膜（房室瓣）分隔，以避免血液流错方向。一个或者多个房室瓣缺失或有疾病的话，会让血液回流，导致"心杂音"。

二尖瓣关闭不全
Mitral insufficiency

左房室瓣有问题导致二尖瓣关闭不全。

症状

液体堆积在肺部极容易让狗的呼吸逐渐停止。可能会咳嗽，常发生在运动之后和晚上。腹部可能肿胀，体重可能下降。

根本病因

如果左房室瓣无法正确地关闭，血液会从左心室回流到左心房，导致心脏泵出去的血液量减少，因此心脏必须更卖力地工作以补偿不足。同时，从肺脏来的血液无法顺利流入心脏，导致肺脏里有液体堆积，大量减少肺脏里的气体交换，这会使心脏试着将更多血液泵入肺脏，形成恶性循环，最后导致心衰竭。小型犬似乎会有先天性遗传。

虽然二尖瓣关闭不全的常见病因是年龄，但是另一个伤害左房室瓣的原因，是来自生病的牙齿及牙龈的细菌进入狗的血液循环后，引发感染或发炎，导致心脏瓣膜受到伤害。即使感染和发炎被清除干净，瓣膜仍可能会结疤，无法有效地发挥作用。

处理方法

让狗保持平静，别让它过度用力。

治疗

由于本病是不可恢复性的，任何的治疗只是缓解症状和避免病情的恶化。妥善的饮食有助于减少液体留滞，给予利尿剂（用来增加尿液的制造量及分泌量的药物）、血管扩张药物可减低心脏的负担。

＼ 紧急指导 ／

所有的心脏问题皆有潜在生命威胁，因此一旦出现症状就应尽快寻求兽医的建议。

诊断二尖瓣关闭不全

使用听诊器（听心杂音）做理学检查，接着施行Ｘ光检验及心电图检查。

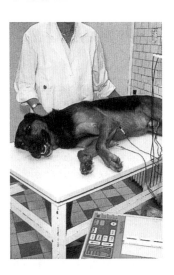

费用

像这种持续发展的疾病需要终生医疗，所以费用相当高。

心肌病
Cardiomyopathy

心脏肌肉疾病。

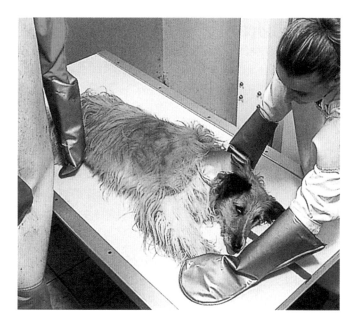

\ 紧急指导 /

任何一只狗出现呼吸困难皆必须立刻接受兽医检查。

可能产生类似症状的相关疾病

某些疾病像是幼犬的犬小病毒，会影响心脏的功能；或是幼犬的先天性心脏缺损，像是动脉瓣狭窄（心脏瓣膜相关疾病）、心房中隔缺损（影响心脏壁）、开放性动脉导管（离开心脏的血管）缺损，这些问题皆可见于幼犬。二尖瓣关闭不全（第54页）也可能导致类似的症状。

诊断心肌病

兽医使用听诊器将听到不寻常的（快速的）心跳、心律、心杂音。放射线影像法（X光）将显示心肌不正常的情形。

费用

心肌病通常只在症状出现时才被发现，费用可能相当高。

症状

　　液体堆积在肺脏，容易使狗的呼吸逐渐停止。可能会咳嗽，常发生在运动之后和晚上，腹部变大、体重下降。

　　心肌病会导致狗的心脏扩大。有两个可能的症状：一是心脏增厚及不正常的扩大，即肥厚性心肌病；另一个是心脏壁变薄，即扩张性心肌病。

　　肥厚性心肌病和扩张性心肌病皆会影响心脏的正常收缩，而出现非常类似瓣膜闭锁不全的症状（第54页）。

根本病因

　　通常是遗传或先天的缺陷。在大型犬更常见。

处理方法

　　让狗保持安静，别让它过度用力。

治疗

　　如果在幼犬时期就诊断出心肌病，可经手术矫正，不过只有极少的病例会成功。心肌病被搁置太久的话，将导致心脏病。

其他心脏问题
Other heart problems

症状

一只患上心脏衰弱的狗会出现特定的临床症状。早期症状极为轻微，所以最好的做法是仔细观察狗的行为。会出现的症状包括呼吸困难、咳嗽（特别是在运动过后及晚上）、体重下降、运动不耐以及腹部膨大。受心脏问题所困扰的狗可能用前肢展开的方式站着，头下垂，不断咳嗽，渴望吸入更多的空气。

根本病因

造成心脏病的原因很多，有些是先天性的，像是瓣膜不良或"心脏里有缺损"，或是心肌疾病和心脏周围组织的疾病。

处理方法

让狗保持安静。当你带狗到兽医院检查时，安排一个人陪你（甚至更好的是，能载你去）。

治疗

遗憾的是大多数的心脏病是不可治愈的，任何的治疗只是让狗较轻松地带着疾病生存而已。减缓病情是兽医的主要目标。

为了降低血压和减少心脏或肺脏的液体量，有心脏问题的狗需要特殊的低钠饮食。为了更进一步减少液体堆积，会给它服用利尿剂增加尿液量。如果狗服用利尿剂，要确保它有足够的饮水量，因为服用这些药会产生剧渴。

这两种治疗方式通常可以减少——甚至完全消除由心脏病引起的咳嗽和不适；否则兽医可能使用血管扩张药物减轻心脏负担；如果连这也行不通，可能使用洋地黄，它有助于减缓心跳和加强收缩。

\ 紧急指导 /

如果狗出现以上任何症状，别浪费时间，立刻联络兽医。

诊断心脏问题

因为大多数心脏疾病出现心杂音，通常兽医在进行其他检查之前，会先使用听诊器听诊。运用训练有素的技巧，兽医能用听诊器精确指出问题所在，从心杂音的位置到它发生在心脏舒张期还是在收缩期，或者两期皆有。兽医可能也会使用X光和心电图加以确诊。

费用

心脏疾病不可治愈，这代表治疗必须维持直到患犬死亡。所以治疗的全部费用会相当高。

贫血
Anaemia

狗的红细胞数量减少，或是缺乏铁质，使细胞无法得到充足的氧气进行呼吸作用。

症状

包括呼吸速率上升、心跳上升、疲倦、衰弱、黏膜（像是牙龈）苍白。

根本病因

造成贫血的原因很多，包括：

* 肾衰竭（第29页）；
* 缺铁；
* 维生素B_{12}缺乏；
* 甲状腺机能低下【生产甲状腺素的甲状腺的功能缺失，导致脱毛（第59页）、体重增加、疲倦、不耐冷】；
* 癌症；
* 中毒；
* 肝衰竭（第90页）；
* 血液流失；
* 钩虫；
* 外寄生虫像是跳蚤、壁虱以及虱子；
* 胃溃疡。

处理方法

贫血只能由兽医诊断出来，主人能做的就是寻求兽医的建议。

治疗

视病因而定。可能必须让你的狗接受输血和吸氧气治疗。吸氧气治疗是经由面罩或氧气帐提供纯氧给患犬。

\ 紧急指导 /

因为贫血的基本病因可能很严重，当你觉得狗有贫血时，必须尽快得到兽医的治疗。

诊断贫血

兽医采集血液进行化验以找出根本病因。

费用

严重的病患必须接受较多的治疗，包括输血和其他昂贵的治疗，费用可能很高。

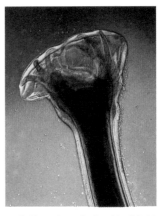

当你的狗在运动时，特别在长草区运动时，可能会沾到壁虱，因此运动之后，要检查它的身体，以及移除每一只壁虱。

皮肤

The Skin

狗的身体被一层皮肤保护层覆盖住。皮肤有很多功能：

* 隔绝外物；

* 保持水分；

* 调节体温；

* 制造维生素D；

* 毛发和皮肤色素提供保护对抗紫外线。

皮肤还具有汗腺和痛觉、温度和压感。皮肤有三层构造，最外层是表皮，真皮在其下方，而皮下组织是最内层。

事实上，毛从表皮层长出，是从一个管状物即毛囊长出来，每一个毛囊皆具有一个可以润滑毛发以及让皮肤防水的皮脂腺。这些腺体产生一种气味，可作为狗的自我领域的记号。它们也产生荷尔蒙，有助于吸引异性。

毛有三种类型：

* 针毛：狗皮毛最上层的长毛，让狗的皮毛具有疏水性；

* 底毛：抓住空气以维持狗的温暖，幼犬大部分的皮毛即由此组成；

* 触毛：对碰触相当敏感，"须"位于口部和眼睛、脸颊的两侧。

如果没有严重的情况，千万不可剪掉触毛。

狗在每个季节会掉毛后再换上适合当季的毛，称之为换毛：冬天的毛较厚，而夏天的毛较薄。有时候多余的毛会掉落，这种情形相当普遍。虽然它通常导致狗的身体的某部分（通常是躯干）几乎完全无毛，但毛会在下一次换毛时再长回来。

警告：许多狗的皮肤病是人畜共通传染病，所以你也可能会被感染。

脱毛
Alopecia

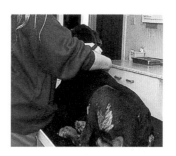

不正常的毛发脱落。

症状

脱毛可能是局部性的，呈现小块碎片状，或者涵盖身体大面积的区域。

根本病因

跟人类一样，压力也会引起狗的脱毛，这可以在母狗怀孕或抚养一群幼犬时获得证明，因此在哺乳时它会掉更多的毛。但哺乳期过后，毛几乎都会重新长回正常的样子。

跳蚤会咬住皮肤并分泌唾液避免血液凝固，以狗的血液为食。有些狗对此唾液过敏，这种疾病被称作"跳蚤过敏性皮肤炎"。它会使狗搔痒而导致脱毛，影响的范围通常涵盖身体的大部分，特别是躯干、尾巴以及臀部。它还会导致另一种皮肤疾病——毛囊炎，由细菌引起，可能会进一步加重病情。第60—66页有关于跳蚤和其他寄生虫的信息。

处理方法

因为有些引起脱毛的皮肤困扰可能是人畜共通的（也就是说可能感染人类），你应该小心不要去碰它们。要遵守卫生预防措施的常识。在碰触宠物之后，用肥皂彻底清洗双手。如果你怀疑疾病是人畜共通传染病，当触摸你的狗时，最好是戴上可抛弃式的乳胶手套，必须鼓励小孩子们做好这些卫生保健的日常工作。

治疗

完全视基本病因而定。如果疾病由外寄生虫引起，可使用洗毛精或者药膏。狗皮肤上的开放溃疡区域需要涂抹消毒药。

费用

不会很高，不过有些皮肤疾病像是螨（疥癣，第61页）和钱癣（第65页）会极难治愈，且需要长期治疗。

紧急指导

虽然患病的狗的外观很丑（对我们而言），狗也会很烦扰，但是它并不会有生命危险。

诊断脱毛

为了正确诊断皮肤困扰，兽医会进行"皮肤刮痧"，刮下少量皮肤表层，随后放到显微镜下进行检验，兽医或技术员在显微镜下寻找寄生虫或者它们的排泄物，以诊断疾病原因。

可能产生类似症状的相关疾病

很多种皮肤疾病会有类似的症状，因此所有的病患都必须接受兽医的建议和指导。不要使用未经诊断就从宠物用品店购买的药物，因为这可能使病情延长并且让狗更痛苦。

顺势疗法

矾土、硒、铊以及黑穗菌对于治疗脱毛可能有用。请教兽医。

跳蚤
Fleas

跳蚤是寄生虫，一般寄生在其他动物身上。即使是最被妥善照顾的狗也可能感染寄生虫，它们存在于身体内部（内寄生虫）或者外部（外寄生虫）。

症状

跳蚤是最常见的外寄生虫；它们咬住宿主，在咬噬的区域里以血液为食，此区域将出现发炎反应进而刺激狗。

根本病因

最常感染狗的跳蚤是猫蚤（*Cteocephalides felis*）。不接触猫的情况下，狗也可能会被狗蚤（*Ctenocephalides canis*）感染。狗也容易被兔蚤（*Spilopsyllus cuniculi*）和豪猪蚤（*Archaeopsylla erinacei*）感染，兔蚤群聚在耳朵周围，而豪猪蚤相较于其他种类的跳蚤非常巨大，所以狗可以抓到它们。

处理方法

为了打断跳蚤的生活史，必须清理感染跳蚤的病患的床褥，其他家居的宠物也一样清理，如果只清理病犬的生活用品，问题无法完全解决。居家清理可避免跳蚤卵孵化和幼虫的发育。

使用除蚤剂来清理所有的床褥和狗的床。但不可以让哺乳期母狗接触这些粉末和喷洒液，因为会让幼犬中毒。

治疗

可以从兽医院获得除蚤剂，除蚤剂有很多种，如喷洒液、粉末、浸药项圈，或者洗毛精。兽医可能会推荐自然疗法，像是中草药或是浸有这些药物的项圈。

在美国，硅藻土（残留单细胞藻类的化合物）常用于跳蚤的治疗，把它磨成粉末撒在狗的身体、地毯、毯子、家具、宠物的床和床褥、任何跳蚤和（或）它们的卵可能聚集的地方。硅藻土对于人类和宠物十分安全，但是对于跳蚤和许多其他昆虫（即使在它们的幼虫阶段）则是致命的，硅藻土中微细的孔洞会侵蚀跳蚤外骨骼上的蜡膜，使得跳蚤因身体干燥而死亡。

\ 紧急指导 /

没有生命威胁，但会让所有人和动物相当困扰。

诊断寄生虫感染

兽医会使用显微镜检查狗身上的跳蚤。经由检视跳蚤头部外观是否有"突起"来辨识特定种类的跳蚤。

顺势疗法

兽医提供的治疗物可能会与致病物质相同，例如跳蚤（含有少量跳蚤的高度稀释的溶液）。

费用

使用抗蚤粉末和其他类似药物就可以清除跳蚤，因此费用低。

螨
Mites

螨为外寄生虫，会引起狗的疥癣，狗会很不舒服。已发现三种常见的螨虫：*Sarcopted scabiei*、*Demodex folliculorum*以及*Otodectes cynotis*。

症状

疥癣的第一个症状是不断地搔痒，没有像跳蚤那样能明显看出来的病因。最后，皮肤变得非常红而且溃疡，溃疡在狗皮毛的白色区域较容易见到。随着病程发展，溃疡会恶化。

根本病因

*Sarcopted scabiei*无法用肉眼看见，它引起狗的疥癣，导致脱毛（第59页）和瘙痒症（深度发痒），特别在肘部、踝关节部和耳壳。*Demodex folliculorum*是很小的螨，总是躲在狗毛里，只在数量增加时才会产生严重的皮肤炎和脱毛。*Otodectes cynotis*是白色的螨，用放大镜就可以看到，它一般都是寄生在猫的耳朵里，在猫耳朵里它不会造成任何问题，但如果在狗的耳朵里，会造成耳溃疡（耳炎，第4页）。

狗可能经由直接接触其他受感染的动物，像是老鼠或带感染性的地板而被感染。疥癣在狗身上极为常见。

处理方法

要有警觉性——疥癣可传染人类（人类称此疾病为疥疮）。采取预防措施以确保你和家人不会感染疥疮，触摸任何一只感染的狗之后都要清洗双手，或甚至更好的做法是使用一次性乳胶手套。

治疗

使用可杀死寄生虫的清洗液，要在兽医建议之下使用清洗液，狗的生活用品必须完全浸泡在强力杀菌剂或漂白水中，狗回到狗屋之前必须先将狗屋清洗干净。兽医制药公司持续制造对抗此疾病的新药剂，兽医会告诉你这些产品的便利和有效之处。

＼ 紧急指导 ／

注意到螨感染时最好尽快治疗，有助于避免并发症。

诊断螨

触诊，随后以显微镜检查螨。

费用

如果是感染的早期，费用低。若疾病变严重，会变得难以治疗，因此费用会相对提高。

壁虱
Ticks

如同跳蚤一样，壁虱也是外寄生虫。显然在英国最常感染狗的壁虱是羊虱（*Ixodes ricinus*）和豪猪虱（*Ixodes hexagonus*）。

症状

狗会花很多时间搔痒，你可以看见壁虱，它看起来像是小小的棕白或红棕色的豌豆。它们将自己的头部挤进狗的皮肤的上层。

根本病因

壁虱是大多数狗在某些阶段会感染到的外寄生虫，壁虱是某些有害细菌的媒介，像是莱姆病。狗可能被其他狗或动物，包括猫和兔子感染壁虱。狗和人类都会在穿越过附着有壁虱的植物时沾到壁虱。壁虱会引起刺激和瘙痒，会引起人类的贫血，在美国和澳洲，有些种类的壁虱会引起麻痹。

\ 紧急指导 /

壁虱会刺激狗，而且还可能会爬到人类身上。它们会传递人畜共通传染病，像是莱姆病。所以，任何患有壁虱的狗应该尽快得到兽医的治疗。

诊断壁虱
检查狗的皮毛里是否有壁虱。

可能产生类似症状的相关疾病
狗主人可能会把疣错看成壁虱。

费用
即使是最先进有效的壁虱治疗，价格也非常低。

狗可能在运动时沾到壁虱，特别当它在长草区时。所以在这类运动之后，要检查狗，并移除壁虱。

处理方法

当发现狗被壁虱感染时，必须移走它所有的床褥，而且最好烧掉，狗屋要彻底消毒，使用从兽医那里拿到的"壁虱粉"清理所有的床褥，甚至狗屋或床。不可以对仍在哺乳期的母狗使用这些粉末和喷洒液，除非兽医保证可以使用。这些粉末大多会让幼犬中毒，因为粉末会附着在毛发上甚至哺乳的乳头上，这些粉末只适合外用，所以如果小狗误食的话会中毒。

一只壁虱的放大图。对人类肉眼而言，它们看起来像是大型的棕白色的米粒。

治疗

虽然壁虱比跳蚤更难对付，不过它们的确对某些喷洒液和粉末会有所反应。在某些国家，这些药可能只能在兽医院拿到，因为被归类为"处方用药"，在其他国家它们可在药房里甚至在宠物店的陈列架上自由购买。很多国家禁止在家居动物身上使用有机磷（跳蚤和壁虱粉末中的成分）。

壁虱附着在宿主身上，将头埋入宿主皮肤的上层，使用口器吸血进食。移除壁虱时必须小心，要确保口器与狗的皮肤完全分离，否则会导致感染和脓肿；千万不要直接扯出壁虱。使用细刷将酒精擦在壁虱上，壁虱应该会在24个小时内死亡而且脱落；如果没有，则重复此步骤。

兽医院和宠物店卖的壁虱移除器，它是专门设计来移除整只壁虱，而不会将壁虱的口部残留在狗的肉里。

虽然有些人建议用香烟灼烧壁虱，但是这种做法并不妥当。使用香烟相当容易烫伤狗，酒精方式有效得多而且没有危险性。

现在市面上有很多专门设计来移除壁虱的工具，主要是因为考虑到人类的莱姆病。这些工具中有一类是反弹镊子，用它夹住壁虱的头部，然后温和地来回扭转直到完全取出壁虱。我已经试用了好几种这类工具，每一种皆有百分之百的成功率；现在我总是放一个反弹镊子在狗屋里的急救箱内。

食物过敏
Food allergies

狗可能对它们的饮食中一种或者多种成分过敏。症状为皮肤发痒。

\ 紧急指导 /

可能要经过一段时间，狗主人才能找到引起过敏的食物。一旦发现这个问题，不要再喂食引起过敏的食物，并且应该请教兽医。

狗总是在搔痒，可能是食物过敏的症状。

诊断过敏

可能需要皮肤取样和血液检查。有些病例中，要严格限制狗的饮食，在不同的时间喂食不同成分的饮食以找出引起过敏的成分。

可能导致类似症状的相关疾病

钱癣（第65页）、螨（第61页）、跳蚤（第60页）和脱毛（第59页）。

费用

要找出食物中造成过敏反应的成分将相当困难而且耗时，兽医的收费将与他所耗费的时间有关。

症状

每一种动物（包括人类）偶尔会有瘙痒感，但是如果狗花相当长的时间抓皮毛，则应该请教兽医。

根本病因

食物过敏起因于饮食中的一种或多种成分，有关这问题仍有许多争议和矛盾性。目前已知牛奶、小麦，甚至有些肉类会引起狗和其他家畜过敏。

处理方法

喂食质量好的食物，只在必要时才改变饮食。改变饮食需要花7—10天的时间逐渐改变。

治疗

在很多病例中，兽医必须对狗抽血或采集皮肤样本。采集皮肤样本对狗来说会是一个不舒服、粗暴但不疼痛的经历，兽医使用解剖刀刮下少量的皮肤表层，为了确定病因，样本随后进行化验。利用显微镜检查来排除耳疥虫或者霉菌感染像是钱癣（第65页）的可能性。

钱癣
Ringworm

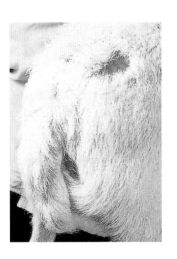

狗的表皮和皮肤的毛纤维里被霉菌感染，并非如有些人所想的是真的虫感染。

症状

狗可能花相当多的时间抓痒或者摩擦坚硬的物品，身上会有圆形区域的脱毛。

根本病因

最常引起狗的钱癣的霉菌是犬小芽孢菌（*Microsporum canis*）、石膏样小芽孢菌（*Microsporum gypseum*）以及发癣菌（*Trichophyton mentagrophytes*）。霉菌的孢子以风为媒介或存在于土壤里。三种霉菌皆具高度传染性。

处理方法

有些引起钱癣的霉菌是人畜共通传染病。你必须谨慎避免被感染，因为孢子是以风为媒介传播的，所以感染会发生在当你直接接触或相当靠近狗时。

治疗

通常用制霉菌清洗剂清洗动物，像是Enilconazole药。兽医可能用碘酒"涂抹"患犬，或是涂抹含有水杨酸和苯甲酸等可杀死霉菌及避免孢子溢散到环境的药膏（Whitfield ointment）。局部治疗（直接用在感染区域者）必须重复进行，直到痊愈为止。

诊断钱癣

钱癣患犬会出现小且圆的区域性脱毛。如果仔细观察脱毛区域，通常可能看到患处边缘有霉菌。通常是结痂的白色皮肤。

\ 紧急指导 /

此病具有高度的传染性，因此所有的病患皆应该找兽医治疗。

可能产生类似症状的相关疾病

跳蚤（第60页）和脱毛（第59页）。

顺势疗法

视引起疾病的微生物而定，bacillinium、小蘗属、驱虫豆素、乌贼或碲可能有效。请教兽医。

费用

用来治疗钱癣的药物的费用不高。

脓皮病
Pyoderma

狗的皮肤的细菌感染。

症状
视病因而异：见下文。

根本病因
正常情况下，狗的皮肤表面有一定量的"有益的"细菌以对抗感染。有时候，这些友善的细菌增殖到对狗有害的程度，就会引起很多疾病，包括：

急性湿性皮肤炎：即"湿疹"，症状是发炎、长出湿而且会痛的疮。长毛狗身上特别常见。可能是其他疾病的结果，像是寄生虫感染（第60—66页）或肛门囊腺感染（第31页）。

肘胝脓皮症：发生在较大型的狗身上，狗的骨头突出处，像是肘部上方的厚皮肤处受到感染。

脓疱病：感染3—12个月大的幼犬，常被叫作"幼犬脓皮病"。此病特征是腹部有充满脓汁的小点，破掉后留下黄色的结痂。

趾间脓皮症：如同名字一样，发病于狗趾头与趾头间，通常先有异物存在，像是一块沙砾或草种子、趾头之间纠缠的毛、刺激性的化学物质（通常是用来清洁狗屋的灭菌剂或清洁剂）。患有肛门囊腺感染（第31页）的狗会啃咬自己的脚，这也会引起趾间脓皮症。

皮肤皱折脓皮症：皱折的皮肤天生就是温暖而且湿润的，这就成了细菌生长的理想环境。显然地，有大皱折皮肤的品种像是沙皮狗较容易患上此病，也会感染所有品种中体重过重的母狗，因为它们外阴周围的皮肤会皱折。

处理方法
定期梳毛，可以在病情加重前发现问题。

治疗
用抗生素治疗。抗生素有很多种，像洗毛精、局部药膏或乳剂，或者抗菌药。必须完成整个抗生素疗程。

\ 紧急指导 /

脓皮症会引起狗的不舒服，一旦疾病被清除可能留下疤痕。若发现狗患有脓皮症就应该尽快寻求兽医治疗。

费用

脓皮病有很多种病因，如果不找出真正病因，会很难治疗。所以兽医会收取他所耗费的时间和药物的费用。

诊断脓皮病

通常兽医会进行皮肤刮搔，以找出引起脓皮病的细菌。

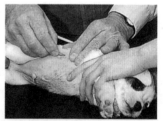

定期替狗梳毛，可有助于在病情变严重前发现皮肤的任何问题。

皮脂溢
Seborrhoea

狗的皮脂腺异常（过度）分泌。在正常的情况之下，皮肤更新细胞的速度和细胞死亡的速度相等。当这个平衡被破坏，制造新细胞的速率较旧细胞死亡的速率慢，进而影响皮肤的厚度。

症状

可以看到坏死的皮肤区域，这些区域将变薄或油油的，可能出现发炎症状。

根本病因

病因可能包括脓皮病（第66页）、外寄生虫感染（第60—63页）、过热或干燥的环境、使用不适合的洗毛精和（或）梳毛技术、营养问题、甲状腺功能低下、库欣病（第96页）或糖尿病（第21页）。有些品种像是巴吉度猎犬可能是遗传因素。

处理方法

经常梳毛以及控制寄生虫，良好的饮食和狗的环境（避免干热环境）的控管，都有助于预防疾病。

治疗

视病因而定，对皮脂溢的治疗可能包括抗生素，特别当疾病已经恶化成脓皮病时。皮肤极度发炎和长疮的病患需要使用抗发炎药物的治疗。通常，在狗的饮食中加入脂肪（植物性的或动物性的）会对轻微皮脂溢的病例有所帮助，如果是由跳蚤感染所引起，则需要使用除蚤粉末、喷洒液或"滴剂"（可以任意地滴在患部的药物）。

\ 紧急指导 /

没有性命危险，但是受到感染的狗应该在疾病被发现时尽快带去兽医院，如同大多数的疾病一样，在初期时较容易治愈。

诊断皮脂溢

皮肤取样、血液检查以及皮肤和毛样本的化验，可有助于兽医诊断及治疗。

费用

治疗费用不高，因为兽医不需花太多的时间在治疗上，所以治疗的费用很低。

聪明的狗主人会定期对他们的狗使用抗寄生虫喷洒液，而不是等到问题发生才反应过来。

公狗的问题
Male Dog Problems

有些疾病或困扰主要影响的是公狗，特别是生殖系统疾病。

正常的公狗具有两个睾丸，睾丸被包覆在狗后腿之间由皮肤构成的袋子（即阴囊）里面。睾丸制造精子，精子被运送到附睾并储存于附睾。当狗在交配时，精子流到尿道（携带尿液远离膀胱的管子），在尿道与来自前列腺和其他腺体的液体混合。这个混合物就是精液，在交配时由阴茎射出。

睾固酮（雄性荷尔蒙）也是由睾丸制造，它令公狗产生第二雄性性征，包括较大的肌肉组织以及阴茎的勃起组织。正常情形之下，睾丸大约在狗10日时发育下垂至阴囊里。

公狗的性行为
The sexual behaviour of male dogs

* 狗在6—12月龄即达性成熟，不过有些6—7周大的公狗已经有性行为。

* 虽然狗会在1岁龄达性成熟，但是不建议在15个月龄前让它交配，这样才有足够的时间彻底评估它的育种质量。

* 如果是具有遗传疾病的品种，要确定它已经被兽医检查过了。

* 公狗全年皆会有性活力，但是在夏天最旺盛。

虽然公狗停止繁殖的年龄会依品种而异，但是精液的质量会在大约7岁龄之后开始变差。

攻击
Aggression

有许多不同的攻击形式，所以需要不同的治疗。

症状

情绪改变，行为的不可预期性，有攻击行为。

根本病因

不同的攻击形式如下：

* 恐惧引起；
* 疼痛引起；
* 支配性；
* 领域性；
* 玩耍；
* 竞争性；
* 病态生理的；
* 占有的；
* 掠夺性。

除了病态生理的攻击行为之外，这些攻击形式都是自然的行为。病态生理攻击行为是因为医药使用不当。

处理方法

注意狗的行为以及产生攻击行为的真正原因。

治疗

从前的兽医可能建议以手术除去狗的睾丸（绝育）来治疗具有攻击性的公狗。现在，随着兽医水平和人们教育程度的提高，虽然绝育可能仍具有一些好处，却不再这么做了。因为绝育可能会改变狗的天性，狗在性成熟前被绝育，可能无法发展出它的第二性征；也可能因此改变狗的代谢率，使它的体重无法受控制。然而，在狗性成熟之后才绝育，再配合适当的饮食控制，就不会产生绝育后的相关问题。

\ 紧急指导 /

和大多数疾病相同，最好在攻击行为出现的初期就进行治疗，以避免发展出更严重的问题。

费用

绝育的费用相当低，因为手术相当普通而且简单。

如果你的狗突然对其他狗具有强烈攻击性的话，可能需要找兽医处理。

性冲动
Sexual behaviour

有时候，有些狗的行为确实很讨人厌，即所谓的"反社会"行为。还好大部分的行为通常只是短暂的。

症状

狗经常骑乘其他动物、小孩，甚至是成年人的腿。

根本病因

这种行为和雄性素（雄性荷尔蒙）有关，然而大多数"完整"（未绝育的）公狗也不会引起太大的问题。

处理方法

试着了解狗，千万不可因为上述行为就体罚它。长距离的散步和大量激烈的运动可能有助于减少此行为发生的频率。

治疗

如果狗主人不想让狗结扎，或是有些狗具有育种用途，可以使用药物控制狗的性冲动，兽医会注射抑制睾固酮（雄性荷尔蒙）释放的荷尔蒙，最常使用的药物是前列腺素，其作用类似雌性荷尔蒙，在不影响狗的生育能力之下降低狗的性欲（性冲动）。这些药物可能以"长效注射剂"的方式给予，注射药物后效果会持续一阵子，或者以药丸的形式每天服用。

> **＼ 紧急指导 ／**
>
> 并不急着治疗，它只是很令人讨厌，但对狗的健康没有危害。

费用

荷尔蒙注射剂的价格既便宜又有效。

有些狗会频繁地骑乘其他狗、小孩或成人的腿。

无睾症和隐睾症
Anorchia and cryptorchidism

无睾症是一种先天疾病，是一种睾丸双侧缺失的特殊现象，非常罕见。睾丸没有正常发育下垂到阴囊里的症状称为隐睾症。

> **＼ 紧急指导 ／**
>
> 除非你希望让病犬育种，否则并不迫切地需要治疗，不过最好还是在发现问题后，尽早寻求兽医的建议。

症状

正常的公狗在数周龄大时已经可以看到两个睾丸，若没有，则可能有潜在的严重问题，特别是当你打算让狗育种或者参加竞赛时。单睾症是只有一个睾丸发育下垂到阴囊里，另一个则没有；而无睾症是没有任何一个睾丸发育下垂至阴囊里。隐睾症这个名词也被翻译成"躲起来的睾丸"。睾丸缺失时有检查的必要性。如果以手术移除狗两个睾丸就称为绝育。

根本病因

隐睾症的原因包括睾丸隐藏于腹腔或留滞在腹腔肌肉与肌肉之间，甚至可能在肌肉外侧和皮肤下方；若是这种情况，可以仔细地碰触此区域，从而得知它们的位置。

处理方法

当你要购买狗或者已经拥有一只狗，检查（或者要求兽医检查）它的两个睾丸是否都存在，是否都是正常的。

治疗

几乎每个隐睾病患皆会在狗展赛场（视附属的规则而定）处于极度不利的处境，甚至会被强烈建议应该避免饲养这样的动物，除非你的狗只用来当作是一只宠物，或者你已经决定要它绝育。强烈建议购买了这些动物的人应该在它们还年幼时就做绝育手术。

诊断无睾症和隐睾症

通常理学检查就可以发现问题，不过在有些病例中，兽医必须使用放射线法，即X光检验来显示两个睾丸是否存在以及它们的正确位置。

费用

如果发生需要特殊且复杂的手术并发症时，费用高。

睾丸瘤
Testicular tumour

狗最常见的癌症之一。

症状

脱毛（第59页）、肿大的睾丸、对其他的公狗有吸引力。

＼ 紧急指导 ／

任何出现睾丸瘤症状的狗都应该尽快让兽医检查，延误会让疾病恶化而更难治疗。

根本病因

在一份对超过400只确诊为睾丸瘤的狗的研究显示，有些品种的狗比其他狗较易罹患睾丸瘤。隐睾症（第70页）有明显较高的机会恶化成睾丸瘤。睾丸瘤的致病机制可能与遗传和环境两者有关。

处理方法

绝不对任何出现在你的狗身上，而且无法解释的肿块采取"再看看吧"的态度。延误病情将是成功治愈与痛苦乃至死亡两者之间的差别。

治疗

绝育手术后的药物使用是一种常规治疗，而且通常会有好处，药物用来杀死残存的癌细胞，即化学治疗。

诊断睾丸瘤

兽医会施行理学检查并询问病历细节，以找出任何肿块成因的线索。一旦被诊断出肿瘤，兽医可能对生病的睾丸取样来判断病情。

费用

大部分肿瘤涉及手术以及药物治疗，将会是冗长且复杂的，所以费用相当高。

肛门腺瘤
Anal adenoma

长在肛门附近皮肤正下方的肿瘤。此腺瘤是良性而非恶性的（置之不理并不会致命），狗有很大的机会完全康复。

症状

肿瘤摸起来是"瘤状的"。当你触摸完这个区域后，必须清洗双手和采取其他的卫生预防措施。

根本病因

会发生在年纪较大的狗身上，肛门腺瘤与雄性素（雄性荷尔蒙）有直接相关性。这是相当常见的问题。

处理方法

千万不要试着自行治疗，因为可能让皮肤的其他区域受到影响。当疾病愈来愈不可能自行痊愈时，要寻求兽医的建议和治疗。

＼ 紧急指导 ／

当你发现任何肿块，立刻请教兽医。

诊断肛门腺瘤

理学检查，有时候还有放射线检查。

顺势疗法

金钟柏可能有效。请教兽医。

治疗

肛门腺瘤会变得很巨大而且溃疡，兽医可能会进行手术。狗体内的睾固酮会促进肿瘤成长，兽医可能会建议使用能抑制睾固酮正常释放的荷尔蒙以进行治疗。有些病患会被要求进行绝育手术以避免疾病复发。

费用

相当低。不过，如果有手术的必要，费用会上升。

前列腺问题
Prostate problems

前列腺制造精液。精液由精子以及来自其他腺体的液体共同形成。前列腺位于公狗膀胱的底部，尿道（携带尿液远离膀胱的管子）从膀胱开始。腺体本身包住尿道，因为位置的关系，前列腺的问题会导致狗排尿甚至排便困难。

紧急指导

参考此病所引起的症状后，最好在问题被诊断出来时就开始治疗。

症状

可能包括便秘、尿失禁、血尿、阴茎滴血、阴茎流脓、用力排粪和（或）产生缎带状的粪便。

根本病因

有些6—10岁龄的公狗的前列腺会开始肿大，这种情况就是增生，不会痛，而且在很多兽医看来，是相当正常的情形。另一个前列腺问题的病因是有害细菌进入前列腺引起的发炎，即前列腺炎。

处理方法

如果兽医为狗开抗生素疗程，务必规律地完成整个疗程。大部分情况下，兽医会频繁地检查狗的治疗效果和进展。

治疗

根据疾病的本质决定治疗的方式。如果是增生问题，可能给予药物和（或）荷尔蒙。兽医可能会建议对严重病患进行绝育手术。罹患前列腺炎的病患可能要接受长期的抗生素治疗。

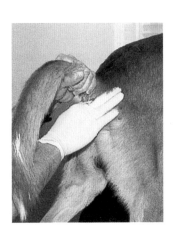

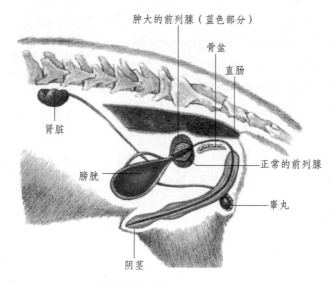

肿大的前列腺（蓝色部分）

骨盆

直肠

肾脏

正常的前列腺

膀胱

睾丸

阴茎

前列腺的解剖图

诊断前列腺问题

此问题的诊断包括狗腹部的理学检查，有些时候必须利用导尿管（一个塑料管）插入病患的阴茎以取得血液和脓的样本，然后送到实验室加以分析。兽医可能施行X光和超音波检查。可能必须采集前列腺的样本，以手术取出一块生病的组织，随后在兽医实验室的显微镜下检查。

顺势疗法

西洋杜荆、毒芹和硒对此病可能有效。兽医会给你相关建议。

费用

视问题的严重度而定，费用中等。

Part8
母狗的问题
Bitch Problems

　　如同大部分的动物一样，狗只在"发情"时交配。母狗在每一个交配期期间只有一次动情期。就我们所知，这在动物世界里是独一无二的，而且意味着母狗只有交配季节里的少数几天才可以怀孕。兽医会帮你判断交配的最佳天数，也就是最可能让它受孕的日子。一般都是通过阴道抹片或采集血液样本计算荷尔蒙浓度得知。兽医可以告知育种者，母狗大约何时排卵（卵子自卵巢释放），或者排卵的正确时间，因此育种者可以在母狗最容易受孕时将母狗带去种狗那里。

　　大部分的母狗在6—7个月龄时达性成熟，但是有些母狗可能在4个月龄时已经成熟，有的母狗到大约2岁时还未经历它们的第一次发情。如果一只母狗2岁时还未发情，必须询问兽医。

母狗的生殖系统
The bitch's reproductive system

　　母狗有两个卵巢，卵巢制造卵子，卵子在输卵管受精后到达子宫。Y型的子宫包含两个长形的角，受精卵被带到子宫角并在那里着床。母狗的怀孕期间，胚胎在子宫角发育。子宫壁包含平滑肌层，即子宫内膜。子宫的基部是子宫颈，是一个具有肌肉的器官，除了母狗交配或者生产外，会关闭子宫。子宫颈借由阴道连接外面的世界，阴道的末端是外阴或称之为阴道唇。阴道的内部具有"前庭"，是一个内壁具有相当强壮肌肉的腔室，这些肌肉有助于公狗和母狗交配时的"联结"。

　　如果你不打算让母狗繁殖，趁它年轻时拿掉卵巢（绝育或者结扎）会有很多好处，因为手术之后它就不会罹患卵巢或者子宫的相关疾病。不用繁殖当然是去掉潜在的患病威胁。年纪较大的"完整的（未结扎的）"母狗常会罹患子宫蓄脓（第77页），这是一种会影响子宫且危及性命的疾病。未结扎的母狗可能也会罹患假怀孕（第76页）。这些疾病皆会造成患犬生理及心理上的双重困扰。

假怀孕
Pseudo pregnancy

假的或者幻想的怀孕。假怀孕可能发生在动情期没有受孕的母狗身上。不同的母狗会有不同的症状。

\ 紧急指导 /

没有生命危险，但是严重的假怀孕病症可能会对母狗自己和狗主人双方带来情感上的挫折。建议请教兽医。

费用
兽医对大部分假怀孕患犬所能做的治疗很有限，因此费用低。

诊断假怀孕
兽医会检查母狗以确定它是否真的怀孕。

未交配的母狗如果出现这样的做窝行为几乎可以确定是假怀孕。

罹患假怀孕的母狗通常对无生命物体有强烈的情感上的依靠，例如它的玩具。

症状

有些假怀孕的母狗可能不会让狗主人注意到它的生理或者心理状态上的任何异样。其他罹患假怀孕的患犬则会出现腹部肿大、乳腺（乳房）充满乳汁，而且精神状态会有所改变。它会花很多时间做窝，会哭，不愿意运动，甚至可能经历真实生产的用力推动。许多这种母狗会对无生命物体有情感上的依靠，特别是它们的玩具，有些则是有"看不见"的小狗。当母狗保护它那"看不见"的小狗时，会展现领域性和母性的攻击面，这会令狗主人相当不舒服。假怀孕的母狗会随着一次接一次的发情而展现更多特征症状。

根本病因

由母狗的荷尔蒙浓度所引发。这在一群狼（家犬的祖先）中是完美的天性，许多母狼制造乳汁以抚养或者帮助抚养后代。

处理方法

增加母狗的运动量，会有所帮助，不给它玩具或者类似的物品。

治疗

兽医可能会建议让病情严重的母狗接受荷尔蒙治疗。不过，大部分的兽医会建议让病情轻微的母狗自行渡过这段时期。

子宫蓄脓
Pyometra

母狗的子宫感染。

症状

子宫蓄脓最早以及最明显的症状是口渴，饮水量上升，随后导致尿增多。其他的症状可能包括：

* 皮毛品质差；

* 不愿意进食甚至厌食；

* 呕吐；

* 疲倦以及不愿意运动；

* 已经结束发情期了，外阴部却有黏液分泌物；

* 过度舔舐外阴部。

感染引起子宫肿大，充满脓汁，有些病患的子宫占了身体相当大的比例。随着母狗每次的发情，病情会不断恶化。

根本病因

子宫蓄脓可能是由母狗泌尿系统的细菌所引起，母狗在发情期体内的高浓度荷尔蒙可能有助于促进细菌的生长。已结扎母狗不会有子宫蓄脓。

处理方法

狗主人能做的事很有限，只能寻求兽医的建议。

治疗

尽快结扎，除非母狗很不健康以至于无法进行手术。如果是这种情况，兽医会用抗生素治疗，用静脉点滴，直到它恢复到可以负荷手术为止。

诊断子宫蓄脓

因为这是母狗常见的问题，兽医可以轻易地分辨子宫蓄脓的症状，再做相关的治疗。有时候，兽医可能使用X光和超音波检查来确诊，或者可能从外阴部采集分泌的样本进行化验。

＼ 紧急指导 ／

严重的子宫蓄脓会有生命危险，你应该对所列出的任何症状有所警戒，这些症状可能在狗发情的几周之内出现。如果你的狗出现这些症状，你应该尽快寻求兽医的建议。

费用

会涉及手术，严重的病患需要重症治疗。费用相当高。

剧渴是狗罹患子宫蓄脓时最初的也是最明显的症状。

乳癌
Mammary cancer

胸部的癌症。在未结扎的母狗中相当普遍，几乎有一半的乳肿瘤是恶性肿瘤（随着病情不断恶化以及狗主人的不予理会，这将不可避免地危及性命）。随着兽医学的进步，在肿瘤学上的发现以及成功的治疗方式也愈来愈多。

症状
母狗乳腺（乳房）上有肿块。

根本病因
尚未完全清楚，但是极可能与荷尔蒙有关。

处理方法
狗主人能做的很有限，只能寻求兽医的建议。

治疗
乳肿瘤的治疗可能包括手术（切下或者缩小肿瘤）、化学治疗（用药物杀死或者缩小肿瘤）、放射线治疗（使用放射线破坏生病的组织，通常与手术合并使用），或者微波热疗法（一种超音波或电磁波给予肿瘤极度高温处理的做法）。

许多一度被认为无法治疗的肿瘤现在已经可以成功地治疗，因而改善狗的生活质量，让它拥有更长久的生命。

\ 紧急指导 /

如果在母狗的乳腺发现任何肿块，应该让兽医施行全身检查。早期发现早期治疗的话，狗的预后更佳。

费用

癌症需要复杂的手术，有时候可能需要一个以上的手术，因此手术费用会很昂贵。虽然乳癌治疗的费用可能很高，不过已有很多结果相当不错的病例。

诊断乳癌

典型的乳肿瘤是一个在母狗的乳腺里有明确界限的肿块，它被注意到时可能只有豌豆大小，但是肿块会随着母狗进入动情期而变大。

为了鉴别是否为肿瘤，兽医可能使用许多检查方式，包括理学检查、X光、超音波以及血液检查。一旦确认为肿瘤，必须在治疗开始前进行更多检查以确定肿瘤的类型、大小、正确的位置、可能扩散的程度。因为病情特殊，兽医可能会为你推荐专科兽医。

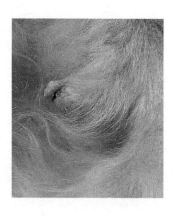

乳腺炎
Mastitis

母狗在哺乳期间乳房发炎。

症状

乳腺炎导致乳头坚硬，摸起来很热；由感染的乳头所制造的乳汁可能带有血丝和（或）外观异常。患犬"面有病容"，食欲低落或者没有食欲，可能会呕吐。

处理方法

母狗的乳头无法正常哺乳时，你必须比平常更仔细地观察幼犬，以确定它们能获得足够的乳汁。如果有数个乳头感染乳腺炎，而且无法输送足够的——甚至没分泌乳汁时，你可能必须协助养育一只或多只幼犬。

为了避免乳腺炎，平常要将母狗的腹部擦拭干净，使用兽医建议的温和的抗菌拭布会更好。应该鼓励幼犬平均使用所有的乳头，不过不太可能办到，因为小狗实在太小了。在这些病例中，你可能需要小心地用手挤出未被吸食过的乳头里的乳汁，兽医会示范如何操作。在用手挤压的过程中，你要有良好的个人卫生，操作之前要清洗双手，在处理下一个乳头之前也要清洗双手，避免传播感染。

治疗

要成功治疗乳腺炎，必须使用抗生素，所以应该尽早寻求兽医的建议。通常必须用手小心地挤出乳汁，把生病的乳头浸在热水里可使母狗获得些许舒解。极少数的病患需要动切除手术。若治疗妥当，大部分的乳腺炎患犬的病情将在36—48小时内获得解决。

可能产生类似症状的相关疾病

罹患假怀孕（第76页）的母狗也可能有乳腺炎。

\ 紧急指导 /

乳腺炎患犬提供的乳汁量会少于幼犬的需求量。注意到此情形要尽快联络兽医。

诊断乳腺炎

兽医会进行理学检查诊断乳腺炎。

费用

低，特别是在疾病初期就被发现的话。

狗主人必须协助罹患急性乳腺炎的母狗养育他的幼犬。

子痫
Eclampsia

"泌乳热"或者哺乳期僵直症，在乳头如水坝般制造乳汁时所出现的麻痹现象。

\ 紧急指导 /

立刻联络兽医。如果发生痉挛不治疗，狗会死亡。子痫是紧急的疾病。

诊断子痫
理学检查。

费用
注射剂的费用低；如果需要静脉点滴则较贵。

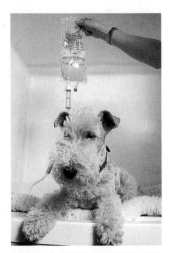

罹患子痫的母狗可能需要接受静脉点滴来补充钙和葡萄糖。

现在这只母狗非常不可能患子痫，因为它的小狗已经很大了。

症状

神经质而且畏光。它可能完全忽视它的小狗，常常远离它们，大量流涎而且动作极度不协调。母狗的体温会从39℃上升到41℃，甚至更高，心跳速率上升，产生痉挛。

根本病因

可能是血液里的钙和葡萄糖浓度低于正常值而引发子痫，不过真正的原因尚不清楚。母狗在生完小狗后可能发生子痫，小型狗较易有此疾病，会在生完小狗21天之后发生，不过相当罕见的是——它也会在生产前发生。

处理方法

因为这是很严重的疾病，必须立刻寻求兽医治疗，没有一件事是狗主人可以做的。无论何种情况，绝对不要压制一只正在抽搐的狗，这会导致它受到更大的伤害，而且可能会让试图要压制它的人受伤。

治疗

兽医会提供钙和葡萄糖做治疗，可能经由腹腔内注射（注射入腹腔）或者静脉点滴输液。治疗的效果非常显著，母狗在几分钟之内就能恢复。

慕雄狂
Nymphomania

母狗的性冲动上升或者发情周期不正常。

症状

此名词是用来描述性冲动（欲望）上升的母狗、具有较多次发情周期的母狗，或者发情前期（发情期开始的阶段）异常冗长的母狗。这些母狗对公狗展现较多的兴趣。

根本病因

慕雄狂被认为是因为卵巢滤泡（卵巢内的腔室）制造过多的动情素（雌性荷尔蒙）而引起的。

处理方法

发情时，母狗甚至时常骑乘其他的母狗。狗主人如果考虑让母狗繁殖，则不需要阻止这种情形。

治疗

对于慢性的而且没有育种用途的狗，结扎是最好的治疗。其他患犬则使用荷尔蒙注射治疗，可能会有效。

\ 紧急指导 /

此疾病所带来的困扰比对健康上的威胁多，所以不用急着看兽医。

诊断慕雄狂

除了观察上述的症状之外，并没有其他的方式诊断此病。

费用

常规治疗包括不昂贵的荷尔蒙注射。如果必须动手术的话，费用会显著地提高。

子宫炎
Metritis

子宫内层即子宫内膜感染。

症状

包括母狗外阴部排出恶臭的分泌物、缺乏食欲、乳汁制造量下降以及呕吐。

根本病因

由细菌感染引起，只发生在生完小狗之后。

\ 紧急指导 /

必须立即请教兽医，因为可能会有生命危险。

处理方法

让母狗在生产期间保持清洁，确保生产区域内和周围环境是干净的。如果必须以人工方式帮助母狗生产，几乎都要替它注射抗生素以避免子宫炎发生。

治疗

抗生素治疗，可能还给予母狗支持性药物帮助它战胜疾病，例如可帮助子宫颈打开以排出感染物质的前列腺素。

诊断子宫炎

理学检查，通常通过化验分泌物以确定理学检查的结果。

费用

如果治疗得够早，费用低。一旦疾病恶化，将更难治疗而且费用更贵。

阴道脱垂或增生
Vaginal prolapse or hyperplasia

阴道内层脱垂突出外阴部。

症状

多发生在年纪较大且已发情多次的未结扎母狗身上，可能可以看到红肿的阴道内层有团块自外阴部向外突出。有些患犬的团块可能跟鸡蛋一样大。

根本病因

通常在生产完之后发生阴道脱垂。由于阴道内层（阴道

\ 紧急指导 /

立刻寻求兽医治疗。

诊断阴道脱垂或增生

兽医会施行理学检查。

费用

注射抗生素以避免感染，不贵，但如果必须动手术，则费用会上升。

阴道脱垂通常发生在生产之后。目前，在兽医院并不常见到生产箱。

黏膜面）对于荷尔蒙动情素的反应，使阴道黏膜长出过多的皱折，这些皱折可能使得外阴部突出。在拳师狗和斗牛犬中特别常见。

处理方法

保持黏膜皱折突出部位的清洁，避免被粪便、尿液等污染，寻求兽医的治疗。

治疗

必须使用抗生素以避免感染。病情轻微的患犬只需要保持黏膜的清洁，因为皱折会在母狗不发情时自动恢复。通常需要对不断复发的慢性病患施行手术，结扎会是最好的方式。

阴道炎
Vaginitis

阴道感染导致发炎。

症状

很明显能看到外阴部排出浓稠奶油状的分泌物，母狗可能花很多时间舔它的外阴部以除去分泌物。

根本病因

阴道炎由有害的细菌引起。很多种细菌可以引起此疾病，必须在治疗前确实地鉴识出病原菌。

处理方法

如果你在繁殖狗屋内有一只以上的母狗，隔离患病的母狗，避免传播疾病是聪明的预防措施，还要让所有患阴道炎的患犬尽早接受治疗。

治疗

抗生素治疗。应该遵照指示进行并且完成整个疗程。

＼紧急指导／

在24小时内请兽医治疗，否则疾病变急症将更难治疗。

诊断阴道炎

兽医会进行阴道抹片，将一个大型"棉花球"推进母狗的外阴内侧，采集阴道内层黏液膜上的分泌物。样本会放在实验室里培养，以鉴定造成感染的细菌。很多实验室为了找出针对特定感染最有效的抗生素而进行许多测试。

费用

目前的抗生素很有效而且费用相当低。

不适当的结合
Misalliance

不想要的配对行为。

处理方法
为了避免不适当的结合，让母狗在交配季节时待在你的视线范围内。

治疗
注射荷尔蒙。注射剂的作用会胜过母狗本身荷尔蒙的作用，让它误以为身体没有怀孕，然后再次发情。兽医不会喜欢提供这类注射物，因为它们有时候会产生极严重的副作用，包括引发子宫蓄脓（第77页）。预防胜于治疗，对于所有正在发情（因此吸引公狗注意）的母狗，必须极小心地监督并让它远离麻烦或者诱惑。

> **\ 紧急指导 /**
>
> 母狗已经意外交配而且你不希望它怀孕时，在交配后48小时内联络兽医是很重要的。

费用

唯一需要的是注射药剂，所以费用会相对的低。

犬蛔虫
Toxocara canis

体内寄生虫，感染怀孕或者哺乳期的母狗，还有年轻的幼犬。

症状
蛔虫是白色的寄生虫，长度8—15厘米，虫体两端突起。通常随着粪便排出，但是有时候会在肛门缠绕成团。然而，有极少数病例报告指出，人类小孩会被犬蛔虫感染而导致眼盲。

根本病因
正常情况下，幼虫会安静地潜伏在母狗体内，但是母狗怀孕时所释放的荷尔蒙会刺激虫体而使之活化。虫会移行到母狗全身，包括通过胎盘进入胚胎体内。母狗会生出体内已

> **\ 紧急指导 /**
>
> 没有生命危险，最好尽早治疗，以避免更严重的感染，也有助于减轻患犬的症状。

经带有幼虫的幼犬，幼犬在母狗履行母亲的责任像是清洁和喂食幼犬时，经由乳汁和唾液感染更多寄生虫。此外，在母狗舔舐幼犬以清除它们的粪便时也会感染更多的虫。犬蛔虫的虫卵随着母狗和幼犬的粪便排出到周围环境中，直到找到下一个新的宿主来开始新的生活之前，虫卵可以休眠长达好几个月。

处理方法

在年轻的幼犬中，犬蛔虫重度感染可能会有生命威胁。为了减少犬蛔虫感染所引发的问题，对所有在交配前、怀孕期间以及哺乳全期的母狗进行驱虫是很重要的。幼犬在3到12周龄之间应该每隔两周驱一次虫，之后每12周驱一次虫直到12月龄，然后最少每6个月驱一次虫。

采取卫生预防措施，像是触摸狗之后以及进食前要清洗你的双手，以确保个人的健康，不会被危险的寄生虫所伤害。

治疗

口服驱虫药。驱虫药的类型有药锭、液体或者药膏。

注意：记得犬蛔虫是人畜共通传染病。

诊断犬蛔虫
使用显微镜检查粪便。

费用
目前的驱虫药很有效，而且相当便宜。

老狗的问题
Problems Suffered by Elderly Dogs

　　年龄本身会带来特定的疾病，主要是因为身体和器官的磨损。随着兽医学的发展和狗食物制造业的进步，狗可以生存得更久而且更健康。不同品种的平均寿命差异极大，普遍来说，小型犬较大型犬活得久。大型犬的平均寿命可能只有7或8年，而小型犬可以活到十几岁，平均约12岁。良好的管理，包括均衡的营养、检查幼犬的父母是否有遗传性疾病、良好的医疗，皆可提高狗的生活质量和延长寿命。

老狗的症状及需求
Symptoms and needs of elderly dogs

* 老狗需要比年轻时获得更多的休息，会睡得相当沉。
* 许多狗的毛发会变白，不过毛发变白也可能在狗真正变老之前就开始了。
* 它可能不再想要到附近那些它以前常去的地方运动，食欲可能会改变。
* 不应该让它待在温度很低的环境里，所以晚上不要把它留在寒冷的室外。
* 不要让它睡在冷水泥地上，水泥地相当寒冷而且潮湿，这会加重本来就已经罹患的疾病像是关节炎。对老狗而言，大豆床是理想的床，它不仅可以使狗免受冰冷地板的侵害，而且非常舒服。
* 可能需要补充矿物质。提供补给品前要先请教兽医。

　　许多在狗还很年轻时被认为是轻微的而且影响不大的问题，将随着狗的年龄增长而愈来愈严重。以下列举一些老狗特别常见的问题和疾病。

肛门囊腺感染　31

让狗不舒服而且应尽早得到治疗的疾病。

关节炎　35

每一个退化性关节炎的患犬皆应该接受严谨的治疗。

眼盲　14

所有与眼睛相关的疾病和伤害都要立刻去找兽医处理。

支气管炎　48

不可以轻视任何可能是支气管感染的症状，即使只是轻微的症状，都必须请教兽医。

皮毛问题　88

应该被治疗的疾病，因为它会令你的狗不舒服而引起进一步的伤害。

便秘　28

所有便秘的患犬都要立刻去找兽医。

耳聋　3

尽早请教兽医。

心脏问题　55—56

如果怀疑你的狗有心脏问题的话，立刻去兽医院。

失禁　89

寻求兽医的建议，因为失禁可以是好几种严重疾病的症状。

肾衰竭　29

如果怀疑你的狗有肾衰竭，直接联络兽医，因为会有生命危险。

肝衰竭　90

仔细观察任何明显症状像是狗"面有病容"，然后请教兽医。

缺乏食欲　16—20

如果你怀疑是消化系统受阻而让狗缺乏食欲，立刻请教兽医。

肥胖　92

肥胖是许多疾病的主因，所以要尽早取得兽医的帮助。

衰老　88

带你的狗去让兽医检查，因为或许可以注射一些能帮助它的药物。

牙齿损坏　91

请教兽医，因为可能可以改善狗的生活质量。

衰老
Senility

动物的精神状态的恶化通常是因为年纪大。

症状

当狗年纪大时，你会察觉有时候它会特别烦躁而且缺乏方向感，然而有时候它又十分正常。通常，老狗会想花较多时间在它自己的窝里，以及寻求人类家庭成员更多的注意。

根本病因

衰老是因为受损的细胞（在这里指的是脑部）不会再更新所造成的，几乎都是年龄增长的必经过程。有些是由于罹患某些脑部疾病，脑细胞受到伤害而导致衰老。

处理方法

大部分的老狗所需要的是人类家庭成员的大量温柔的爱和关心以及多一点的理解。

治疗

衰老无法治疗。兽医使用的药物只是让狗的生活质量获得改善。

\ 紧急指导 /

如果你的狗出现这些症状，应该带它去兽医院检查，因为可能会有一些帮助它的药物。

诊断衰老

很难通过观察考虑狗的症状、年龄等因素来正确地诊断衰老。

费用

因为缺乏真正的治疗，唯一的费用是药物治疗和兽医咨询费，这些费用可能不高。

皮毛问题
Coat problems

和所有的动物一样，狗的皮毛也会随时间的流逝而变差。毛的质地和（或）厚度可能有所改变。很多皮毛的问题只是单纯的年纪增长的过程，因此是不可避免的。然而可能可以减缓很多患犬的问题。

症状

狗的皮毛可能愈来愈油或者愈来愈干，相当容易纠结和

\ 紧急指导 /

并没有生命危险，但也要接受治疗，因为它会让狗不舒服，而且这样的刺激会使它的身体健康被进一步地破坏。

"磨损"。指甲可能会愈来愈长（或者是磨损速度较慢）。

根本病因

随着年龄愈来愈大，毛的质地和特性会有所改变，这是因为年龄增长的过程中，荷尔蒙浓度的改变造成的。指甲愈来愈长是因为上述原因和下降的运动量。

处理方法

为了维持皮毛的状态，要更频繁地为狗洗澡、梳毛和检查它的指甲，必要的时候要修剪。在修剪之前，你应该请教兽医，因为不正确的修剪会带来剧痛和不舒服。如果狗的爪子是淡色的，可以很容易看到"血线"，避免受伤，但是如果狗的爪子是黑色的，就较难避免。只有"血线"前端的部分才能被剪掉，应使用专门的指甲剪。切勿使用剪刀，因为剪刀很容易让指甲裂开，并没有真正地剪断它。

修毛对有些狗可能会有益处，例如容易纠结的长毛品种英国古代牧羊犬。

治疗

通常以饮食为基础。皮毛干燥的话，将必须在饮食中添加更多油或者脂肪，油腻的皮毛则需要少一点油。改变饮食前先请教兽医。

定期洗澡和梳理狗的皮毛可有助于预防许多皮肤问题。

费用

大多数对于皮毛差的治疗是相当直接的而且费用低，不过可能要你花费额外的时间和心血加以照顾。饮食改变的费用低。

诊断皮毛问题

病因会有好几个，所以兽医需要施行理学检查，有些病患可能需要抽取血液样本检查，以找出狗皮毛不佳的原因，或许是年龄增长的结果，或许是皮肤疾病、外寄生虫感染等等。

失禁
Incontinence

可能是尿失禁（第30页）、粪失禁，或两者皆有。

症状

狗会"尿床"，通常很频繁。如果只是突然被吓到的话，并不是真正的失禁。

\ 紧急指导 /

失禁本身并不严重，但是如果尿液带有血丝或者狗在排尿时会疼痛，应该立即请教兽医，因为失禁会是其他严重的疾病，例如癌症的症状。

根本病因

随着狗的年纪增大，肌肉变得没有力气而导致失禁。排粪失禁可能是因为肛门括约肌（用来使肛门打开的环形肌肉）松弛。

前列腺问题（第73页）是公狗尿失禁最常见的病因，而膀胱炎（第26页）则是母狗最常见的病因，不过病因也可能是尿道瓣有缺陷或者松弛。尿道瓣是位于尿道内的肌肉，可以控制尿流。松弛的尿道瓣指的是并没有完全封闭或者完全无法封闭尿道的情形。这类问题要由兽医来研究。

许多病例中，尿床只是因为狗无法或者不愿意努力起床的结果，关节炎（第35页）是年纪大的狗不想动的最大原因。

处理方法

找一个密封良好的小玻璃罐，在水中煮沸十分钟消毒，滴干水滴之后用它采集狗的尿液样本，随后让兽医检查以找出失禁的病因。

治疗

如果并发感染（例如膀胱炎），将需要使用抗生素。有些患犬，例如刚结扎完的母狗，则需要荷尔蒙治疗。

诊断失禁

失禁通常是其他疾病的症状，所以兽医会对你的狗进行完整的身体检查。化验患犬的尿液样本以找出根本原因。

费用

大部分患犬的治疗费用低，不过有并发症而需要手术的话，费用将不可避免地上升。

肝衰竭
Liver failure

肝是狗身体内的主要器官之一，功能极其复杂，包括帮助肾脏将废物排出身体、制造血液凝集的相关蛋白质、脂肪与碳水化合物的处理和储存、胆汁（消化作用所必须）的制造以及血液的净化。任何肝脏的问题都会非常严重。

症状

极难侦测到症状，特别是在疾病的初期。可能的症状包括狗会远离食物、体重下降、呕吐、腹泻，或者狗全身的健康状况变糟。此外，眼白的部分会变黄。

＼ 紧急指导 ／

因为肝衰竭的症状相当不明显，应该要注意像是"面有病容"这样细微的表现，这类病患皆必须寻求兽医治疗。遗憾的是，许多动物因为主人忽视它们细微的行为改变，最后病情加重而死亡。

面有病容的狗，比平时更常待在床上的话，可能是肝衰竭的症状。

费用

因为治疗具有困难，以及肝病的病因实在太多了，因此患犬的治疗费用可能相当高。

诊断肝衰竭

兽医会检查血液和尿液是否异常，可能需要使用X光和超音波检查肝脏的形状是否改变。

根本病因

肝脏长期发炎、癌症或是胆管（胆汁经此管顺流而下）的问题，皆是肝衰竭的原因。

处理方法

狗主人对于罹患肝衰竭的狗所能做的很少，只能提供爱和关怀。

治疗

不幸地，对于罹患慢性肝衰竭的狗，人类所能做的通常很少，给患犬的治疗只是帮助它缓解症状，还有提供适当的生活质量。为了减少代谢废物（会引起肝脏问题）的堆积，兽医可能要求你让狗食用特殊的低蛋白饮食，减轻狗的压力，而且让它充分休息。兽医常会提供用来减少腹部液体堆积的药物，用抗生素来对抗特定的感染。如果生活质量下降而必须终结狗的痛苦时，狗主人必须决定是否接受兽医的建议和指导。长期受肝病折磨的狗不可能有良好的生活质量，兽医会根据个别的病患提供不同建议。

牙齿损坏
Tooth decay

如果老狗的牙齿坏掉了，它可能不愿意进食，特别是一些很坚硬的食物（例如饼干）。检查它的牙齿可能会看到明显的"蛀牙"（损坏的）或闻到口臭（第16页）。兽医检查后会决定进行何种治疗来改善狗的生活质量。

肥胖
Obesity

很多老狗体重过重而引起各式各样的问题。

症状

狗的肋骨上的脂肪过多。体重正常的狗，皮肤下的肋骨可以被看到，特别当它在运动时。其他的症状包括蹒跚行走、行动迟钝以及运动困难和不愿活动。

根本病因

随着狗愈来愈老，它的运动量无法像以前一样多，体重因而上升，这会导致它更容易罹患多种疾病，包括心脏病。详细可以见第三章"吃跟喝"（第15—32页）。任何品种的狗都可能变肥，很多情况下都是由狗主人的行为造成的——喂食错误、太多餐以及运动不足，而这些其实是可以避免的。

处理方法

如果狗的体重过重，你必须调整它的饮食，有两个办法可以试试。第一点是减少喂食量；但很多狗狗会去翻找垃圾堆来填饱肚子，即使它们在小时候从未这么做过。第二点也是大多数人较同意而且是最好的方式，你可以改变它的饮食，使用专门为老狗制造的低卡路里食物。这也可能有助于预防或者减缓一些可能作用在老狗身上的问题。大幅度调整饮食之前要请教兽医，很多兽医会提供你专业的饮食建议。

如果你给狗吃综合肉类（罐头或者新鲜肉类）和饼干，应该使用低卡路里类的饼干，以减少它每天进食的总卡路里量。也可以用水煮过的蔬菜取代全部或部分的饼干，以达到减重的目的。

注意：肥胖对于任何年龄的狗都会有危险性。

\ 紧急指导 /

肥胖是许多可能有性命威胁的疾病的主要原因，愈早处理此问题愈好。当然最好的方法是一开始就不要让你的狗变胖。

诊断肥胖

各种品种的狗的理想体重表很容易取得，但是大部分的兽医不会太依赖它，因为那只是一项参考值而已。每一只狗都是不同个体，必须被个性化对待。常识会告诉你狗是否有体重问题，而且兽医会提供最佳的处理方式。

肥胖会影响狗的健康和心理，并让它无法享受运动。

其他的医疗问题
Other Medical Problems

有些疾病不容易被分类，但是仍可能影响狗。本章节提供主要疾病的信息。

行为问题
Behavior problems

在狗的一生中，它的行为会稍微有所改变。当你注意到行为上的任何改变，应该记录下来，如果问题持续存在，就要请教兽医。如果狗的某种行为让你担心，不要犹豫，立刻询求兽医的建议。很多问题在早期发现时非常容易治疗，如果置之不理将发展出更严重的、可能有生命危险的疾病。

一些常见的行为改变是：
食欲丧失：可能由口腔溃疡、鼻塞、感染性疾病或者代谢性疾病（影响身体消化和吸收的疾病）引起。

异食癖：对不正常的食物的渴望，可能是饮食太差造成。这类病患可能会吃自己的排泄物、农场动物（如牛或马）的粪便，甚至是石头和沙砾。狗吃粪便的话，称为食粪症。

贪吃：特别当它体重还下降时，可能有胰脏的问题或者大量寄生虫的感染。胰脏分泌酶帮助消化，所以任何胰脏相关问题都会影响狗的食欲。

多喝症：过度口渴。可能由一些很简单的事情像是喂食干燥食物或高盐食物，甚至压力所引起，也可能由热天气所引起，在哺乳期的母狗身上是很正常的，假怀孕的母狗也会有此症状（第76页）。然而，它也可能是更严重的疾病的症状，像是肾脏问题（第29页）或者肝病（第90页），所以必须由兽医检查。

在地板上或床上踱步、喘息、悲鸣、吠叫、搔痒：这些皆是狗烦躁的症状。它们可能反映出狗的不舒服，比如疼痛、房间的温度太热或者太冷、需要上厕所、太孤单或者觉得很烦闷。如果它的伤口上有包扎，可能是绑得太紧，这也会让狗相当烦躁。情况允许的话，你可以自己采取一些措施来解决狗的不适。

生理性的问题
Physiological problems

你观察到的其他改变可能是生理性的。

一些常见生理上的改变是：

多尿：制造大量尿液。可能是多喝症（见上述）的直接结果，或起因于肾脏的问题（第29页）、肝衰竭（第90页）或糖尿病（第21页）。

便秘：第28页。

腹泻：腹泻是很多种疾病的症状，为了帮助兽医确认腹泻的原因，你要记录狗的腹泻频率、颜色、气味以及每次的持续时间。

呕吐：（第22页）为了帮助兽医能快而准地确认病因，应该记录呕吐的频率和体积，呕吐物是否带有血液或者黏液也应该被记录。

阴道分泌物：通常是阴道炎（第83页）或者脓皮病（第66页）的症状。应该请兽医检查。

流鼻涕：自鼻腔而来的分泌物。可能归因于感染（例如感冒）、有异物存在，或者可能是狗早期的病毒疾病。

耳分泌物：耳朵的分泌物，是耳朵疾病像是耳炎（第4页）的症状。

眼分泌物：眼睛的分泌物，是眼睛问题像是结膜炎（第9页）的症状。

狗的黏膜颜色的改变：发现这症状的最好方法是检查狗的口腔内部，特别是它的牙龈。牙龈苍白可能是由于贫血（第57页）、出血或者心脏问题（第53—56页）。牙龈呈现淡淡的蓝色（发绀）可能是呼吸问题。牙龈呈现黄色（黄疸）可能是狗有肝脏问题（第90页）或钩端螺旋体病。钩端螺旋体病通常被称为"rat-catcher's yellows"或"魏尔氏病"。它是人畜共通的疾病，会传播给人类而且通常是致命的。在幼犬中，钩端螺旋体病可能造成同一胎中的一只或者多只幼犬突然死亡，在之前没有任何的症状。症状差异也很大，可能包括厌食、疲倦、黄疸、呕吐、腹泻以及出血。在急性病例中，即使已经给予正确的治疗，死亡还是可能在症状开始后的数个小时内发生。任何可能与此病有关的病例皆必须咨询兽医，保证你的狗有接受疫苗注射，并且每年追加一次。

癌症
Cancer

是某一群疾病的代名词，包括所有的恶性肿瘤和白血病，在狗身上相当常见。肿瘤是一种异常的肿大，但不一定是恶性的（恶性即愈来愈恶化，如果置之不理将导致死亡）；如果肿瘤不是恶性的，就是良性的。

症状
将视癌症的种类、位置、形状以及与狗体内其他部分的交互关系而异。很多癌症病患一直到癌症后期时才被狗主人发现。

根本病因
有很多因素会引发癌症，包括后天环境的或先天的。

处理方法
治疗过程中，你必须正确地遵循兽医的建议，严格地遵守任何药物、饮食以及运动相关的治疗。有任何问题或疑问要跟兽医讨论，兽医会非常愿意提供建议和帮助。

治疗
根据病因、严重度以及癌症的位置而异。任何疾病在早期治疗皆比在晚期才治疗来得好，假使有成功治愈的机会

紧急指导
如果怀疑狗患上任何一种癌症，不要拖延，立刻找兽医。

诊断癌症
理学检查、X光以及超音波检查、血液检查以及内部检查（可能使用内视镜）是兽医用来诊断各种癌症的普遍方法。

费用
大多数的癌症需要长期的治疗，需要昂贵的药物或者技术治疗，所以费用可能会高。

的话。

　　化学治疗是使用细胞毒性药物。这些药物被用来杀死癌细胞，与手术合并使用以确保没有任何恶性细胞残存在狗的身体里，或者单独使用在那些无法以手术移除恶性肿瘤的病患身上。

　　放射线治疗是治疗的另一种办法。它牵涉到使用离子化的放射线，针对身体的特定部位，用适量的放射线破坏生病的组织，而且不会伤害到其他没有生病的部位。

理学检查是兽医确定狗的疾病的多种方法之一。

库欣病
Cushing's disease

　　这个病的学术名是肾上腺皮质功能亢进，原因是狗的肾上腺制造过量的皮质醇（类固醇荷尔蒙）。狗有两个肾上腺，靠近肾脏。腺体的中央（髓质）制造肾上腺素，外侧（皮质）制造皮质类固醇，其中最主要的荷尔蒙是皮质醇。肾上腺素，即著名的"战或逃"荷尔蒙，因为它提供动物快速行动力。皮质醇控制体内的水和盐分。

症状
　　罹患库欣病的狗可能显示下列的症状：

　　多喝症（过度口渴）、多尿（制造大量尿液）、腹部肿大（因为肝脏肿大和液体滞留）、躯干脱毛（第59页）、皮毛颜色改变、肌肉消瘦及全身衰弱。

根本病因
　　库欣病的病因是肾上腺肿瘤，或更常见的是脑下垂体肿瘤。

处理方法
　　除了给予温柔的爱和关怀及遵从兽医的医疗指示，你能做的很有限。

\ 紧急指导 /

应该尽早将出现库欣病症状的狗带去兽医院检查。

将药物搅拌在狗食中，检查保证狗有吃下药。

治疗

如果病因是肾上腺肿瘤，可能要以手术的方式移除生病的腺体。如果病因是脑下垂体，会使用口服的药物治疗。此药可与食物一起搅拌，在操作时必须戴上手套。因为必须减少狗的饮水摄取量，所以必须监看病犬的饮水状况，方便判断药物到达目标器官的真正需求剂量。

费用

手术的费用相当昂贵。若是药物治疗的话，则是中等价位。

诊断库欣病

兽医必须进行荷尔蒙检验，以确定是否罹患库欣病。这些检测也方便找出病因，以决定随后的治疗方式。

癫痫
Epilepsy

狗重复抽搐的疾病，是脑功能突然改变的症状。

症状

因为肌肉的猛力收缩而引起痉挛或者抽搐，是脑部异常放电的结果。如果不采取治疗，复发的间隔会愈来愈短，最后导致癫痫不停地发作。

发作有三期：

1．前兆

持续几分钟到数天。在这期间，狗显得激动和焦虑。

2．发作

狗昏倒，没有意识。它的眼睛瞪视、腿僵直，很快地会出现"上下颚使劲地咬而咯咯作响"，腿部快速的滑桨动作。几分钟后，狗的呼吸会变得极度费力。

3．发作后期

狗的痉挛动作将停止，肌肉放松。同时，呼吸回归正常，它重新恢复意识。当它清醒过来，会显得困惑和茫然达两天之久。在这段恢复期，狗可能进食比平常多很多的食物，更常吠叫、会哭，花更多的时间到处踱步。

如果狗发生的局部抽搐（只影响身体的某个部位），通

＼ 紧急指导 ／

如果你的狗发生癫痫，不要慌张，保持冷静，随后联络兽医。

诊断癫痫

理学和神经学检查、脑部扫描、血液和尿液检查以及脊髓液测试皆是正确诊断所必需的。

费用

完全根据找出癫痫病因所花费的时间和努力而定，也要考虑治疗量和治疗类型。

狗癫痫发作的话，必须尽早接受兽医检查。

常表现为头部快速晃动，腿部痉挛（有时候只有一条腿），或者出现不寻常的行为，像是毫无理由地攻击甚至尖叫。

根本病因

脑部异常放电，进而扰乱中枢神经系统，引起癫痫。癫痫有很多可能的病因，包括感染（病毒性或细菌性）、头部外伤、脑部肿瘤、低血钙症（狗的血液中的钙离子浓度太低）、低血糖症（狗的血液里的糖的浓度异常的低）、肾病、肝病或者中毒。

如果狗有癫痫的倾向，可能会在1岁到3岁之间经历第一次发作。跟公狗相比，母狗较不会患癫痫，患有癫痫的母狗大部分是在发情季节发作。在年轻的狗和幼犬身上，癫痫通常是因为受到感染而出现的症状。任何一只狗都可能患癫痫，但是有些品种较容易患上，包括边境牧羊犬、西班牙长耳猎犬、黄金猎犬、爱尔兰雪达犬、拉布拉多犬、迷你雪纳瑞、贵宾犬、圣伯纳犬以及刚毛猎狐梗。

处理方法

如果你的狗正在抽搐，不要碰它，但要移开任何在它附近会伤害到它的物品。保持安静，而且如果可能的话，让环境变黑暗。当它从抽搐中转醒，冷静且安静地对你的狗说话，让它安心。千万不要将正在抽搐的狗放到车内载它去兽医院，要等到它已经醒过来后再去，慢慢开车以免惊扰到它。有些情况可能必须让狗待在原地，请兽医到家里诊疗。

治疗

癫痫的长期治疗可帮助兽医找出病因和治疗方法。一旦找出病因及治疗方式，可能使用抗痉挛药，但是只提供给规律而且持续发作的病患。

安乐死
Euthanasia

这种时刻的来临是为了让狗毫无痛苦地永久进入睡眠，对狗而言，这是最仁慈的事。对于主人和其他亲人来说，要做出这样的决定是极度痛苦的，但无论怎样都要优先考虑狗的安宁和快乐。狗主人通常因为他们无法承受与深爱的宠物永别，而延迟这个不可避免的结果，这虽然完全可以理解，但对狗来说也是相当不公平的。

安乐死是由兽医直接注射强力麻醉药到狗的血液，通常从前腿的静脉注射。这会让狗变得昏昏欲睡，进入无意识状态，随后在几秒钟之内安详地死去。整个过程显然对亲人来说相当不舒服，特别是主人，但是对狗而言却完全没有痛苦。

通常使用高剂量的巴比妥盐对狗施行安乐死，直接将药物注射入静脉。

只有狗主人才能决定是否结束宠物的生命，但是此决定应该以兽医的信息和建议为基础。询问兽医有关疾病的细节，还有如果不让狗安乐死的话，狗未来生活质量如何。最后的决定权仍然在你身上。不可以冲动地下决定，你最好先与家庭的其他成员讨论，特别是孩子们。为了让所有人都没有误解，必须要和每一个人解释即将发生在狗身上的事情。

一旦下了决定，应该花一点时间考虑实际的事。如果想火化，最后一次带它去兽医院前先做好安排。很多兽医院都会允许你将狗的身体留在医院，让宠物殡葬业者处理，这可能有助你缓解丧失心爱宠物的悲伤。不用担心在手术室里哭泣，这是很正常，没人觉得失礼。在安乐死之前花几分钟陪伴你的狗，会对你的情绪有所帮助，而且兽医也尊重你的意愿。

主人感到悲伤、愤怒、有罪恶感是相当正常的，兽医可能会对你进行个别辅导。度过这一段艰难时期最好的办法是深信自己在任何时候的行动，对狗来说都是最好的，以及此时此刻它已拥有了一个美好且快乐的生命。

Part11

意外和急救
Accidents and Emergencies

　　意外，其实就是发生在我们没注意的时候，因此平时最好在家里就备些急救的物品。急救需要立即反应，如果你对急救处理相当熟悉，会降低被狗伤害的几率，甚至有时候还可以救回它的生命。

　　所有急救处理的原则皆相同，不论你正在救治的是一个人还是一只动物，每一个人都应该接受基本的训练。全世界的急救处理机构都会开设这类课程，去上课有助于让你保住生命。在必须急救之前练习相关的流程是很重要的。大部分的兽医也会帮助你，而且会示范简单的必要流程。学习了之后，可以在你家健康的狗身上多练习几次，在这个时候你是最无压力的。一旦发生紧急事件，你会处于压力之下，那就不是练习的时机了，而且狗可能正处在极度的痛苦之中，所以它并不会乖乖地配合你。

　　从熟练的急救处理练习中获得的自信，将有助于让你保持冷静。当狗的生命掌握在你的手上时，按照步骤实施急救，直到专业兽医到达为止。

　　警告：不要忘记第一时间还是要寻求兽医的治疗。

快速索引
Quick reference

Ⓐ 急救技巧
Emergency techniques

急救基础简化为ABC：

呼吸道（Airways）

呼吸（Breathing）

循环（Circulation）

换句话说，在紧急情况下，要优先畅通狗的呼吸道，使它能够呼吸，以及确定血液正在循环，也就是心脏正在跳动。然后再处理其他症状。

人工呼吸

如果你发现狗昏倒并丧失意识，首先检查呼吸，查看它舌头的颜色；如果只有细微或者没有呼吸，舌头将呈现蓝（黑）色。如果它不呼吸，检查它口腔里或者喉咙里是否有异物阻塞呼吸道，有就移除阻塞物。接下来就是帮助狗伸直脖子，轻柔地抬高它的下巴，这动作可以打开狗的呼吸道。如果它仍然没有呼吸，把它的嘴巴打开，用你的嘴巴覆上它的鼻子，温和地把气体吹入狗的鼻子，大约每分钟吹30次。

小型犬的人工呼吸方式是捉住狗的后腿，伸直你的手臂，将狗摇到左边后再摇到右边，使狗内部器官不断地在横膈膜上来回晃动，进而促使肺部充气和排气。一直持续到狗能够自行呼吸、救援抵达，或者你确信狗已经不再需要帮忙为止。注意如果怀疑狗可能会因为这样的操作而病情恶化时，千万不要尝试此方式。

胸部按压

然后就是检查心跳。把耳朵放在狗的胸腔上，就在狗的左手侧手肘后方的位置。如果心脏在跳动，应该可以听得到。你也可以把手指放在相同的位置检查。另一个检查心脏是否跳动的方法是测量脉搏，将两根手指靠在狗的大腿内侧，就在大腿和腹部的交界处。

如果没有任何心跳，必须实施胸部按压。这方法视受伤的狗的体型而有所差

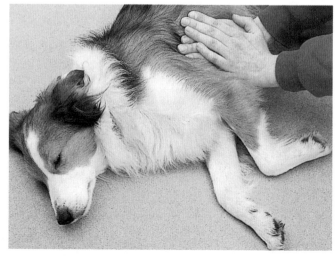

如果狗没有心跳，必须尽快开始胸腔按压。

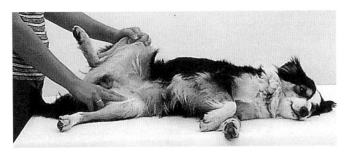

把两根手指贴在狗的大腿的内侧来检查狗的脉搏。

异。小型到中型犬（最大到可卡猎犬的体型），必须用手挤压狗的胸腔。一只手放在胸腔的一侧，就在它手肘的后下方，平稳地按压胸腔，每秒钟按压两次。使用手掌而非手指，小心不要太用力，因为极容易按断狗的肋骨。大型犬的话，必须把两只手放在狗的左侧，大约就在狗的手肘处，以大约每秒两次按压的速率施予稳定的压力。

　　但如果你怀疑狗的胸腔可能受了伤，千万不要尝试胸腔按压。

　　无论使用哪一种方法，每按压四次要吹气两次（人工呼吸），一直到狗的心脏开始跳动，或你的身体已经无法再支撑下去，有兽医接替你继续急救为止。在按压时还要不断检查心跳或者脉搏。

严重出血

　　大多数人不习惯见到血液，很容易一看到血液就慌张，因此会过度估计流失的血量，所以保持冷静、沉着是很重要的。

　　一旦确定狗有呼吸，心脏还在跳动后，必须控制流血或出血。在伤口上直接或间接施压以控制出血，如果伤口在肢体的话，抬高肢体可有助于止血。使用纱布、棉球或者干净的手帕或衣服盖住伤口，可以止住血流。直接加压就是在出血部位施压，可以用手直接压迫患处或用一块折叠起来的布料压住患处。

　　千万不要直接对还有刺伤物体或被骨头穿透的伤口施压。这种情况之下，要间接施压止血，通过对伤口上方的（较靠近心脏处）血管施压，或者制作环形绷带将它放在异物或骨头的周围，用绷带固定位置后，使用另一块绷带或类似物品施压。将干净的布块（像是三角绷带）缠绕成圆形来制作环形绷带，此圆圈要比它所要覆盖的区域稍大。

　　千万不能使用止血带，因为它们会完全阻断血液而引起严重的后果，通常还会有生命危险。

　　血液流出伤口的形式有助于你判断血管类型。动脉携带血液流出心脏到达器官和组织，所有的动脉血因携带充气血而呈现亮红色，只有一条例外（肺动脉，从心脏传递血液到肺脏）。静脉携带暗沉的缺氧血，也会有一条例外（肺静脉，从肺脏传递血液到心脏）。一旦缺氧血暴露在空气中，血红素（在血液中携带氧气）将被氧气充满而变成亮红色。然而，不同血管的实际出血方式一般不会被弄错。动脉里的血液比较高压，因为血液直接来自心脏，所以动脉的血液会因压力大而喷出；而静脉的血液因压力较低，会平缓流出。动脉和静脉之间的血管称作微血管，流经器官和皮肤。微血管的血会慢慢地渗出。动脉血的流速较快，所以要优先处理动脉的出血。出血的方式是判断伤口类型和严重度的最佳办法。

B 严重的伤势
Serious injuries

急救者的角色

急救工作的优先级是：

* 维持生命
* 避免受害者的病况恶化
* 促进受害者的恢复
* 时时刻刻记得确保自身的安全

紧急情况中的立即反应

意外事件发生时，急救者应该做以下的事情：

1. 评估情况

小心靠近受伤的狗，检查受伤部位和任何对你或狗危险的现象。如果伤犬在路中央，把它移动至对你和狗较安全的地方。在搬动时注意不要让它的伤势加重。小心地抱起它，不要太用力或用拉扯的方式，你所施力的任何部位皆可能会让它受伤。最好是给狗戴上嘴套（第119页），因为它处在惊吓和痛苦的状态下，相当容易咬人。全程都以平和的声音跟狗说话，如果你知道它的名字的话也可以轻声呼唤。

自己判断一下到底发生了什么事，以及狗受了什么伤。询问目击者，让他们告诉你当时的状况。这些信息可助你判断如何处理情况。

2. 诊断狗的状况

如果狗是无意识的，轻轻地摇动它，如果狗没有任何响应，招它的耳朵。如果仍然没有反应，证明狗已丧

如果环境很安全，你就在原地检查狗的伤势。如果是由车祸引起的，而且狗还在马路上，你必须先阻止交通的进行，再把狗移到安全的地方。

失意识，而非因为惊吓而晕倒。注视它的胸部判断它是否正在呼吸，如果没有，你必须让它恢复呼吸（第102页）；随后检查心跳，如果没有心跳，进行胸部按压（第102页）。如果有呼吸，考虑是否需要兽医治疗，如果需要，安排联络兽医。在此情况之下可以接受兽医的意见，但是急救工作不能有丝毫的拖延。

3．检查狗

检查明显的外伤，留意伤口的严重性。

检查出血状况并立即加以处理（第103和第108页）。

检查骨折情形并立即加以处理（第111页）。

检查灼伤状况并立即加以处理（第110页）。

检视狗脖子的背面是否有肿块和肿胀。这类肿块可能是受伤之后所造成的断骨或者肿胀。将这些症状一并告知兽医。

最后，等候兽医抵达。

特殊的伤害和情况

灼伤   快速用水冷却灼伤区域来降低灼伤带来的伤害（第110页）。

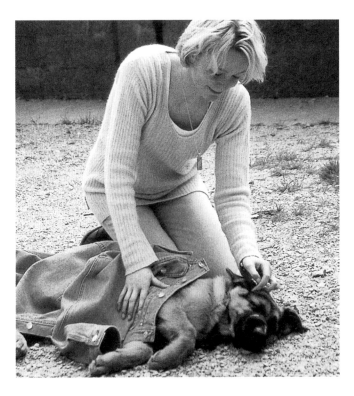

记住

你必须在尝试急救前先考虑自身的安全，千万不要冒着生命危险去营救受伤的狗，例如冲进交通繁忙的马路。在尝试任何营救或开始急救工作前，务必先评估危险情况。

行动要点清单

1. 最重要的是要记得你自身的安全。

2. 评估情况。

3. 保护自己和其他人避免被伤犬或交通伤害。

4. 检查狗。

5. 诊断伤口。

6. 治疗疼痛。

7. 让狗保持温暖、平静以及安静。

8. 如果伤口很严重，联络兽医。

9. 避免狗受到更进一步的伤害。

跟狗说话，说一些让它安心的话，或者叫它的名字，让它保持平静直到救援抵达。

开放性伤口 必须用干净的布盖住伤口以降低感染的机会。

失去意识的狗 检查呼吸并维持呼吸道畅通（第102页）。

骨折 固定患肢，防止移动会对断骨造成更多伤害（第111页）。

体温 保暖是极度重要的。用"保温铝毯"将狗包裹在里面。如果没有适合的保温铝毯的话，使用"泡泡包装纸"、外套或者夹克。如果狗正快速失温，或者周围环境的温度极低，必须为狗取暖，你可以抱着它，将你本身的体热分享给狗，使它温暖。如果有被狗攻击的危险时，就千万不要这么做，除非你已经采取相关的预防措施，比如给狗戴上嘴套（第119页）。

一只手抓住狗的项圈，另一只手环住它的腹部以确保它不会恐慌。

移动和抬起受伤的狗

除非必要，否则不要移动受伤了的狗，因为任何移动皆可能加重它的伤势。然而，如果你必须要移动它，一定要小心。

如果情况允许，可以把狗放到桌子或者长板凳上，因为这样把狗放到人腰部的位置检查起来会容易许多。第一，先用毛毯或毛巾覆盖桌子表面避免狗滑动，因为滑动可能引起它的恐慌，使用上图所示范的技巧将狗抬起，放到高的地方，除非这会加重它的伤势。把狗放在桌子上之后，紧紧抓住它的项圈（如果它有戴的话）。如果没有，一只手放在狗的脖子周围，另一只手横跨过狗的背部放在它的胸部下方，这样就可以牢固而且安全地抱定它。

抱定全程必须抓牢但是要很亲切、小声、平静地跟狗说话，让它安心，勿太用力，会惊吓到它。为了让你的狗习惯被抱住，从它还是幼犬时就开始练习。

记住

受伤的狗可能会反抗绑定或者触摸，所以你必须从反方向正确地制止它（制作临时嘴套，见第119页）。

抱起小型犬的正确方式——平均分摊它的重量。

移动受伤的狗

1. 先用毛毯或毛巾覆盖桌子表面以避免狗滑动。

2. 使用安全的抬升技巧将狗抬到桌面上。

3. 一只手紧抓住狗的项圈，另一只手臂横跨过狗的背部后放在它的胸部下方，安全地抓住它。

4. 如果操作正确，狗不会向前滑，嘴巴也不会左右转动，或上下移动去攻击人。

5. 如果狗的伤势适合以躺姿治疗，你必须让它躺在桌面上，然后稳定它。使用安全的抬升技巧。

6. 靠近它的背部，抓住最靠近你的那一侧的腿部，紧抓住膝盖正上方的位置。

7. 因为狗会靠着你，所以要慢慢地将它的腿移开你的身体，让它滑向桌面。

8. 当它躺在桌子上时，用你的双手抓住狗的腿：用一只手抓住前肢，用另一只手抓住后肢。降低你的手肘可以把狗的头部固定在一边，背部在另一边，以确保它不会乱动。有一点相当重要，不可以将你的重量压到狗身上。

抬起受伤的狗

1. 在靠近狗的地方跪下，一只手放在它的胸部下方前腿之前，抱住狗的胸部。

2. 另一只手放在狗的臀部下方，弯曲你的双手并向彼此靠近。

3. 维持你的背部直立，站起来，把狗的重量转移到你的胸部上。

4. 如果是大型犬，可能需要额外的帮助。

5. 家用担架是移动无意识的大型犬时很好的工具，不过这需要两个人才能操作。如果你只有一个人，则要先将受伤的狗卷入毛毯或外套之类的布料里，然后再拖动。

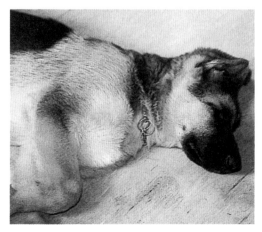

不要试着移动受伤的狗，因为任何移动可能使受伤加重。

ⓒ 重伤和危险情况
Major injuries and dangerous conditions

不要让狗跳越有刺的篱笆，因为可能会导致狗严重受伤。

出血

外部的

伤口的类型有很多种，每一种伤口的治疗方式稍有不同。

小伤口

第114页的轻伤治疗。

大伤口

干净的（切）伤口：笔直的伤口，就像锐利的刀片划过一样，可能有大量出血，出血有助于清洁伤口里的异物碎片，从而减少感染的可能性。但是切伤的出血量通常很少，即使伤口很深，可能也不会影响到大血管。任何指头或者四肢的切伤都有可能引起肌腱受伤，因此应该让兽医来治疗。大部分的小切伤口只要被清洁干净了，就会自行痊愈。

可能的话，直接在切伤部位加压止血；如果不能，那就间接施压在伤口周围比较靠近心脏侧的动脉上，沿着患处找，你就感觉到皮肤下的动脉。抬高受伤部位，出于重力的原因，出血量会减少。适当地盖上一块布。大面积和（或）深部的切伤必须要由兽医进行缝合。

撕裂的伤口：皮肤的撕裂伤，像是被有刺的电线刮到的伤口，出血量比切伤少。

刺伤：指甲、木头碎片以及其他类似的物体造成的表面伤口通常很小，但却非常深。千万不要从伤口中移除任何物体，因为极可能加重伤势和（或）引起大量出血（如果物体仍塞在患处，可以当作塞子用，以避免大量出血），用纱布垫在伤口周围，按压住，并立即寻求兽医的协助。

枪伤：工作猎犬可能会意外被射伤。工作犬最常见的伤口类型是枪伤，狗会受到子弹碎片的多次伤害，因此必须移除全部的碎片；出血量应该不多。兽医会照X光来找出碎片的位置。

子弹会造成两个伤口——射入时和射出时造成的伤口。被运动比赛用的子弹（中空的）射中，射出伤口会比射入伤口大好几倍。子弹在狗的身体中穿过，进而伤害所有与之接触的器官或组织，因此必须立刻找兽医治疗。只有一个射入的洞却没有子弹的存在是不可能的，兽医可能使用X光检查来找出子弹在身体里的位置，随后施行手术取出子弹。

对于所有枪伤的病患，要止血，让狗保持平静，检查外伤情形以及立刻寻求兽医治疗。

内部的

内伤通常可以通过观察狗的腹部、颈部，或其他肢体的肿胀和瘀青（挫伤）判断出来。狗的口、眼、耳、鼻、肛门或性器官出血是内伤的另一个表现。必须小心观察受伤的狗，如果狗出现这些症状之一，或是休克（第113页），必须立刻带它去兽医院。有时候，有内出血的狗，其粪便会呈现暗沉的红棕色。

但母狗外阴部出血的最常见原因是发情和膀胱炎（第26页），发情不需要治疗。反之，公狗阴茎出血的常见原因是前列腺问题（第73页），不需要与内伤相同的紧急治疗，然而只要是阴茎出血都应该去找兽医做检查。

呼吸问题

如果狗已经停止呼吸，进行人工呼吸（第102页）。

喘气是某些呼吸困难疾病的明显症状之一，可能是中暑、肺积水或呼吸道阻塞。如果狗中暑，它会显得非常痛苦、烦躁、大口喘气。如果置之不理，病情会迅速恶化，出现流口水、像喝醉一样脚步蹒跚、无法平稳地站立等症状。

急救的方法是让狗的体温下降（第111页）。

窒息 狗的窒息可能是因为非常简单的事情，最明显的原因是口腔或喉咙的阻塞，典型的阻塞物是断掉的木头，或狗主人丢出去的树枝。目前已经有很多为狗狗设计的安全玩具了。

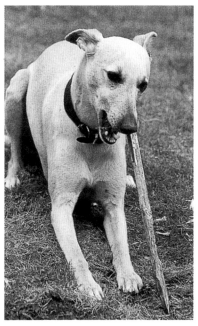

如果狗突然窒息，你必须立刻行动。带它去兽医院是浪费时间的做法，而且可能会导致死亡。你应该抓牢它，打开它的口腔检视内部是否有东西阻塞。注意，开始放入手指头前，要先仔细地探视狗的口腔，因为要是把异物推入喉咙更深处，那病情会更糟。这种情况下你需要别人的帮忙，一人负责打开口腔，以减少另一个人被咬的危险。不要尝试移除已经嵌入狗喉咙的物体。

如果异物无法直接用手移除，则需要采取更剧烈的动作。用膝盖夹住狗的后腿，把一只手放在胸部，快速按压胸腔来迫使狗"咳嗽"。注意，要结合狗的体型施力：小型幼犬用较小的力度，大型成犬用较大

很多狗在玩扔木材棒时会被脱落的木屑弄窒息。

的力度。大约挤压5—6次后，狗应该会咳出导致阻塞的物体。

一旦异物被移除，让狗休息后，再带它去兽医院彻底检查。如果异物位于喉咙，无法从口腔轻易地移除的话，紧急寻求兽医的协助。

溺水　要好好训练狗狗，除非有命令，否则不要随便进入有水的区域。不准它在急流或静止的池塘、被污染的水池中游泳。不要鼓励它渡过结冰的池塘，因为会有跌落冰层后无法爬上岸的危险。

在去救狗之前要确保你的自身安全。把狗救出水后，把它的身体上下颠倒过来，让水流出肺部。如果狗体型太大而你无法这样做，则可试着抬高它的背部，例如把它的后腿靠在座位或者篱笆上。

救起狗后，尽快联络兽医。如果你正在做急救，可以大声呼叫，吸引别人的注意力，请求回应你的人帮助你联络兽医，并向兽医说明情况。

检查狗的呼吸。如果它没有呼吸，就要做人工呼吸（第102页），然后检查心跳，必要的情况下要施行胸部按压（第102页）。幸运的话，狗应该会开始咳嗽和出现咕哝声。让它保持安静和情绪稳定。擦干它身上的水，在送它去兽医院的路上，把它包在毛毯或外套里面来让它保持体温。

灼伤

灼伤有两种类型：热灼伤，以及化学物质灼伤。

热灼伤　任何由热引起的灼伤（包括烫伤）急救处理皆是降温，即冷却灼伤部位，最好的做法就是用冷水冲洗受伤区域。如果你可以让狗稳站在浴缸中，就可以对患处冲最少十分钟的冷水，便可降低灼伤的疼痛和严重度。也可以让狗站在后花园，然后用水管对着患处冲冷水，不能一下子用大量的冷水冲刷，因为这会导致狗体温突然下降，从而造成更严重的问题；应该逐渐增加冲水量，慢慢降低温度。

当你在冷却灼伤部位的同时，请别人帮助你尽快联系兽医。一旦你已经冷却患处最少十分钟，用干净湿润的布覆盖伤口，用保温铝毯或类似的东西包住受伤的狗以维持它的体温。最好请别人开车载你到兽医院，你抱着狗坐在后座，要让它保持平静以免伤势恶化。

化学物质灼伤　化学物质灼伤最大的危险是当狗舔伤口时，会吃入化学物质，进而灼伤口腔和喉咙等，所以要尽快给狗戴上嘴套。戴上橡胶手套以防你也受到化学物质的伤害。然后把狗带到浴室或花园里，用流动的水冲洗患处。

当你在冲洗患处时，请别人帮助你尽快联系兽医。一旦你已经冷却患处最少十分钟，用干净湿润的布覆盖伤口，用保温铝毯或类似的东西包住受伤的狗以维持它的体温。最好请别人开车载你到兽医院，你抱着狗坐在后座，要让它保持平静以免伤势恶化。

触电（电休克）

救助触电的狗，对救助者来说有一个比较大的威胁，就是很容易太匆促行事，而没有考虑到自身可能会遭遇的危险。

无论何时，当你怀疑狗触电时，一定要在靠近狗之前关上电源。如果不关上电源，不要靠近狗。

关上电源之后，你就不再有任何危险，检查狗是否还有呼吸。如果没有，在第102页有详细说明人工呼吸法。

触电一定会引起灼伤，灼伤就需要被治疗（第110页），这是在狗呼吸正常的情况下才考虑治疗灼伤的，因为灼伤一般不会引起性命危险。

抽搐和痉挛

抽搐、痉挛性质都一样，它们本身并非疾病，而只是一种症状。痉挛有很多可能的原因，其中最常见的是中暑（第111页），其他原因包括中毒、感染、遗传疾病、脑部缺陷（例如犬瘟热甚至狂犬病）、休克（外伤）、肝病、肾病或者许多其他的病症。虽然很罕见，有重度蛔虫感染的幼犬也可能会出现抽搐。如果狗出现规律性的抽搐，这可能表明它患上了癫痫（第97页）。

不要试着去压制一只正在抽搐的狗，但是要小心限制它的活动范围。如果狗正在痉挛，应该寻求紧急医疗协助，因为癫痫发作是极度严重的情况，而且可能有生命危险。

骨折

骨折（第40页）是因为骨头受到直接或间接压力而破裂或者断裂。骨头断裂并穿透皮肤，就是开放性或复合性骨折，其他则被称为闭锁性骨折。骨折的症状很明显——肢体痛苦地跛行、一触即痛、肿胀、肢体失去控制、肢体变形、肢体移动不自然、捻发音（是一种生理知觉，在极严重的病例中，是两个断骨头末端摩擦彼此的声音）。

让病患保持安静、情绪稳定，支撑它受伤的肢体。如果有必要，可使用绷带和夹板固定患肢，防止移动带来更大的伤害。使用合适的物体作夹板，比如一片木头或者塑料尺，把它放在伤口的一侧，用绷带绑紧，没绷带可用领带，丝袜或袜子。抬高患肢可有助于缓解不舒服和肿胀（从而减少出血）。

骨折的腿需要包扎和支撑。

中暑

狗无法忍受高温，而且可能会因中暑而死亡。预防胜于治疗，狗屋的位置非常重要。还有就是在车子内部，温度会快速上升到危险的程度，即使是在秋天和春天的凉爽阳光下。如果你把狗留在车内一段时间，特别是环境温度高和（或）有强烈阳光时，你的狗可能在你回来时就已死亡。要是没有足够的通风环境，都不应该把任何动物留在车里，或者在烈日炎炎下用车载运。要知道太阳不会整天停在相同的位置，所以即使当你离开时车子是停在阴影之下，可能稍后整个车子就会暴露在大太阳下。在夏天极度高温时或在一些高温地区，必须比平时更加小心。

中暑或中热衰竭的第一个症状是狗会变烦躁，出现明显的痛苦。狗可能会伸展身体以及大口喘气，开始流口水，蹒跚行走就好像是喝醉了一样；如果置之不理，狗会陷入昏迷和死亡。

狗出现中暑的症状时你必须立刻有所行动，延误将会致命。狗的身体会过热，所以你的第一个任务是降低它的体温。轻度中暑的狗只需要被移动到凉爽的地区，并确保有凉风稳定地吹着，就可以很有效了，最好喷洒一点凉水。如果狗只是轻微中暑，一旦它开始恢复，确定它全身干爽后，再将它放置在凉爽的环境休息，就可以完全康复。

在严重的病患中，用花园里的水管喷洒才能有效地降温。在极严重的病例中，用湿毛毯覆盖狗（要保持口鼻畅通），并用冷水弄湿毛毯以保持湿润。对于任何严重中暑的狗，都应该寻求兽医的协助。

如果狗中暑了，第一时间应该要让它的头部温度降下来，因为脑内液体温度过高会导致狗脑死亡。

嗜眠

罹患嗜眠的狗会相当爱睡，不过它并没有失去意识。嗜眠通常会引起猝倒症，狗会倒下并且不会动。有些杀老鼠药在狗身上也会导致相同的症状。如果你的狗出现这些症状的任何一项，尽快请教兽医。

中毒

这个最重要的是找出中毒的狗吃了哪种毒药。在英国，使用控制危害健康物质（COSHH）规则中规定，制造业必须提供所有可能会被吃的物质的数据，商业生产中也必须在这个前提

狗很容易就接触到家里每天使用的对它来说有毒的物质。

狗无法抗拒去捕捉蟾蜍的好奇心，从而导致中毒。

下遵守该使用规则来生产商品。对于所有疑似中毒的病患，必须立刻询问兽医，如果你知道的话，提供兽医毒药的数据，这些可以通过产品说明得到相关的信息。不要催吐，除非产品说明的指导原则上面有写。如果有说明要催吐的，就放两颗晶碱（碳酸钠）在狗的舌头后方。如果没有晶碱，可以使用芥末或者盐巴。给已吃下毒药

"保温铝毯"可有助于让受伤或生病的狗保持体温。

超过四个小时的狗催吐是没有用的，因为物质已经进入胃部消化了。

中毒的类型

腐蚀酸：例如车子电池里的酸、用在中央加热系统和锅子的除锈剂。酸必须尽快被中和，最好的方式是让狗喝小苏打水溶液。制作方法是将半茶匙（大约2.5毫升）的碳酸氢钠溶在250毫升的水中。用温水会让碳酸氢钠较容易溶解。千万不可以给误食腐蚀酸的病患催吐。

腐蚀碱：杂酚油（用来处理篱笆和木制的狗屋等）是最容易被狗误食的腐蚀碱类型。其他包括脱漆剂和烤箱清洁液。必须口服酸性溶液（醋或橘子汁）来中和。用等量的水稀释醋，橘子汁则可以直接使用。千万不可以给误食腐蚀碱的病患催吐。

刺激剂：若有机会接触到刺激剂的话，狗可能会误食。刺激剂包括有毒的植物，像是金链花和圣诞红；或者化学物质，像是砷或铅。常让狗"中毒"（狗会大量地流口水）的是它想要吃蟾蜍的时候。蟾蜍的皮肤布满含有毒素的脓口，用来对抗掠夺者的捕捉，这些毒素会对狗产生作用。立刻请教兽医。

麻醉剂：麻醉剂会导致无知觉或者呆滞，松节油、石蜡及人类的安眠药皆为此类。如果你的确目击你的狗误食了麻醉剂，要立刻催吐。但是如果你不确定它是否误食的话，就不要催吐。如果狗已经误食麻醉剂一段时间了，这就可能会影响到它的吞咽反射。这样狗可能会因吸入自己的呕吐物而产生严重的后果。可能的话，让动物保持清醒，直到有兽医治疗为止。

惊厥剂：惊厥剂会引起抽搐，抽搐是随意肌的不自主的动作。除蛲蚴药是最有可能被狗误食的惊厥剂，不过也有可能食入月桂或者抗冻剂（乙二醇）。如果你的狗确实误食了这些物质，立刻催吐并寻求兽医的指导和建议。

休克

血压急速下降造成休克，通常发生在狗发生意外或受伤之后；特定的疾病也会引起休克。休克症状包括皮肤发冷、嘴唇和牙龈苍白（因为循环不足）、昏倒、快速的脉搏、两眼发直。

必须给它保暖，而且要尽快让血液循环恢复正常。按摩会有助于改善它的循环，把它包

进毛巾或者毛毯中保暖，要注意不要让它的伤势恶化，像是骨折或创伤。保持安静的环境和维持狗的体温，尽快寻求兽医治疗。

肿胀的腹部

狗似乎很饱胀而且不断地想呕吐，但又吐不出任何东西，这可能表示它罹患了非常严重的疾病——胃扩张扭结复合症（Gastric dilation volvulus complex）。大部分发生于大型深胸犬种（像是罗威纳犬）身上。此疾病通常被认为是因过度进食致使肠道打结，从而堵塞了消化道而引发的，立刻寻求兽医的治疗，否则会导致死亡。

D 轻伤
Minor injuries

咬伤和刺伤

有四种咬伤和刺伤：狗、昆虫、老鼠、蛇。

狗咬伤

与其他动物相比，狗较容易被其他狗咬伤，特别是不受监督的公共场所流浪犬，它们经常打架。

在尝试分开两只或者多只打架的狗之前，要保证自己的安全。长柄的扫帚可以驱赶其他狗，还能保持安全距离，以避免你被咬伤。泼一桶冷水，或用水管喷水都能有效阻止狗打架，而且让你有机会去控制它们。

如果打架造成的伤口比较小，则把伤口附近的毛剃掉，但要小心，别把剪掉的毛落到伤口上。建议每使用一次剪刀之前，都把它浸到水里泡一泡，以洗去剪刀上的毛。用生理盐水彻底清洗伤口，然后再使用消毒液，最后喷上抗菌粉。如果不这么处理，伤口可能会形成脓肿。

昆虫咬伤（包括叮伤）

剪掉患处的毛之后，才能看清楚伤口，用生理盐水清洗伤口。蜜蜂会把刺遗留在受害者身上，胡蜂则不会。如果有刺存在，用镊子小心地拔除它，然后用浸过酒精的棉花球擦拭。对于胡蜂的刺伤，用一些醋抹会好些（刺是碱性的，醋可以中和其作用）；但是对于蜜蜂的刺伤，则要使用一些小苏打水。晾干伤口，使用湿纱布可减少刺激和减轻肿胀。

如果狗被咬或被叮的部位是喉咙，要立刻寻求兽医的治疗，因为这类叮伤引起的肿胀可能会阻塞呼吸道，导致狗死亡。

老鼠咬伤

对狗而言，老鼠咬伤是最危险的咬伤之一。老鼠携带很多有害病原，因此它们的牙齿很脏，所以狗被咬伤的伤口会受到感染。

要剪掉伤口附近的毛，然后用生理盐水清洁，之后使用消毒液，干了之后喷少量的抗菌粉末。尽快带你的狗到兽医院，让兽医注射抗生素，在伤口上涂上抗生素粉末。

蛇咬伤

毒蛇有很多种，狗很少被这些爬虫类咬伤，但还是会发生。

在春天或初夏，蛇还昏昏欲睡，特别是怀孕的蛇。这是由于气温低的缘故，蛇是变温动物，需要吸收外界的热能来暖和它们的身体，以到达它们需要的体温。在这时候，蛇还在温暖自己，即使被靠近，它们也尽可能地保持静止。但是如果狗没看到蛇而踩上去，就会被咬伤。

受伤后最重要的是要让受伤的狗尽量保持平静，避免它到处跑，甚至让它不能运动，因为这会加速毒素在狗体内的循环。你自己也必须冷静，因为你的反应会影响狗。立刻寻求兽医的治疗。

狗被毒蛇咬伤的话，要送去给兽医检查。

剪掉伤口附近的毛

1. 使用浸过水的弯圆头剪刀，小心地剪掉伤口附近的毛，剪掉的毛会粘在剪刀上，这样一来毛就不会掉到伤口里。

2. 将剪刀再浸到水里，剪掉的毛就会漂到水里。

轻度出血

轻度出血的危险性在于脏东西和异物可能被带入伤口，因为除非有大量的出血，否则脏东西将无法被冲出去。用生理盐水清洗〔把大约10毫升（两汤匙）的盐巴加入1升的温水〕，伤口干了之后涂抹消毒药膏，如果有需要的话可以做包扎。

断牙

和人类一样，狗的牙齿损坏后，进食变成一件十分痛苦的事。断牙通常会导致口腔出血，所以必须让兽医治疗。

严重腹泻

每一个读者都对腹泻有所认识，也了解这可能只是过度进食的结果。然而，它也可能是更严重的疾病的症状（第25页）。

在所有严重腹泻的病例中，过度进食绝不是病因，应禁止狗进食并联络兽医。必须给狗提供充足的饮水，最好是能补充脱水的液体。把狗放在你的视线范围内，用报纸或其他东西铺在狗躺着的地板上，记录它排便的次数，还有持续时间、颜色和排泄量。这能帮助兽医找出突然腹泻的原因，进而给予有效的治疗。

所有的眼睛受伤都应该在急救让伤情稳定后，立刻去看兽医。

眼伤

任何眼伤皆可能造成严重的视力伤害，所以都必须让兽医检查。

如果狗的眼睛受伤，它的眼睛会半闭着，眼球肿胀和（或）出血。狗可能会想揉眼睛，但是不能让它这么做，因为可能会使伤势恶化。

如果眼睛肿胀的话，（用冷湿的布）冷敷可能会有帮助。如果你怀疑眼睛里可能有异物，不要使用绷带或纱布，以免再次受到伤害。如何处理眼睛里的异物见下文。

昏迷

供给脑部的血液突然中断，造成意识丧失导致昏迷，低血糖也可能引起昏迷。救助昏迷的狗时要让它的呼吸保持畅通，等它恢复意识。等它可以站起来后，让它稍微走动，直到它完全恢复。如果你有冰块或冰水，把它敷在狗的头或者嘴巴上，也有帮助。如果昏迷的次数很频繁，就要请教兽医。

异物

大部分狗都很有好奇心，这使它们偶尔会接触到一些不应该接触的东西，因此在它们身体的各个部位常常会有异物出现。

在肛门 狗吞入身体无法消化的异物会被排出肛门，通常不会有任何问题，甚至连狗主人也不知道，但偶尔可以看到排出的异物半悬在肛门，狗主人必须试着在不弄伤狗的前提下移除异物。因为大部分的狗不喜欢被碰触这个部位，在移除异物之前，最好就是先给狗戴上嘴套（第119页）。如果有人能帮助你稳定好狗的话最好。

给狗戴好嘴套后，小心地检查异物，如果它不尖锐，可轻轻地拉出来。如果狗在你拉出异物的时候反抗激烈，立刻停止并请兽医帮忙。

在耳朵 狗耳朵里的异物通常会使狗剧烈地摇晃头部。检查耳朵内部（有些品种比如猎犬的耳朵必须要掀起来），但不要尝试自己移除卡在狗耳朵里的东西，要立刻寻求兽医的帮助。

在眼睛 狗可能想要揉眼睛，但不能让它这么做，因为可能会加重伤势，所以你必须以物理方式来限制它。固定它的头部，使用放大镜检查眼睛里的异物（像是草种子或小片草）。通常这些东西会黏在眼睑（上眼睑或下眼睑）后方。最好在远离明亮光线的地方和在有旁人协助的情况下再进行操作。

如果看到有异物，不要尝试自己用手指、镊子或其他类似的工具移除它，因为可能会引起严重且不可恢复性的伤害。应该把狗眼睑撑开，然后使用温水，温和缓慢地倒在眼睛上，就可以冲出眼睛里的异物了。

在鼻子 除非你能确定异物很短，否则不要尝试从狗的鼻子移出它，应立刻联络兽医。

在伤口 千万不要从伤口拔除任何异物，这么做可能令伤势恶化并导致更多出血。要寻求兽医治疗。

跛行

狗的一只或多只腿无法承受它身体的重量，无法正常行走的情况，称为跛足。在第34页有详细的介绍。

如果狗突然变跛，尽快联络兽医。让狗保持平静不要活动，直到被检查为止。

呕吐

呕吐是肌肉的反射动作，用力排出胃和（或）小肠的东西（第22页）。偶尔有少量呕吐物是相当正常的，只有在短时间内呕吐两次或三次时，才应该请教兽医。

如果发生呕吐，禁止狗进食或喝水并联络兽医。保持狗待在你的视线范围之内，用报纸或其他东西铺在地板上，并记录狗呕吐的次数、持续时间、颜色和呕吐物的量，这可以帮助兽医找出突然呕吐的原因。

E 急救箱
The first aid kit

最常见的受伤——小伤口或擦伤，发生在狗日常的生活或执行工作时，重要的是尽快处理它们以降低伤害。因此，应该把小急救箱放在狗屋附近或者狗出没的地方，每次外出时要随身携带。当然，你也应该具有处理这些小伤的技术和经验，可以从兽医那里学到每个步骤的技巧。关于伤势的严重度或狗的整体状况，如果有任何疑问，尽快请教兽医，他们很乐意告诉你标准的操作步骤。

狗急救箱的内容物

一个好的急救箱可以节省去兽医院的很多开支——甚至可能拯救狗的性命。然而，知道如何正确使用这些物品是很重要的。一本像本书这样的工具书也会是有用的，所以大可把书放在靠近急救箱的地方。

急救箱应该要具备下面所列出的全部物品，把它放在随手可以拿到的地方。在再一次使用之前，不要忘记更换里面已用完或过期的物品。以下所列出的很多物品都可以用在狗或者人类身上。

1. 胶带

直接贴住小伤口或固定敷料用，不过狗会马上咬下它。也可以用在小夹板上。可以买一些不会黏着毛发的"不黏毛"胶带，在兽医院或者药房可买到。

2. 酒精（手术用）

移除壁虱等。（第62页）

3. 抗组织胺

治疗昆虫叮咬。通常是乳膏或外用药水，可在兽医院和药房购买。

4. 消毒药水

用于清洁切口、创伤和擦伤。肥皂水或盐水（将10毫升盐巴加到1升的水里，混合搅拌）和消毒药水一样好用。

5. 绷带

贴住断肢和伤口。选择小型绷带，因为它们的用处只是暂时的，狗会咬下来。

6. 棉花棒

清洁创伤和涂膏药等。小心一点的话，也可以用它们清洁耳壳。但是无论何时，绝不要把它们（或其他任何物品）擢进耳道里。

7. 棉花球

清洁切口、创伤和擦伤，以及止血。在使用前用水润湿，否则会黏到伤口上，可能引起并发症。

8. 伊丽莎白项圈

用于预防狗舔舐敷料、缝线等。制作方法很简单，找一个旧的塑料篮子，割断它，在中央剪出一个可以让狗舒服地戴在颈上的洞。也可以用一片坚固的纸板来制作。

9. 洗眼水

洗出狗的眼睛里的碎片。如果你的工作犬经常要冲过树林，洗眼水就特别有用。建议你还要备上可以消除眼伤疼痛的局部麻醉药物，药房有卖，在狗被兽医治疗前都可以暂时使用。

10. 格林果胶酸

用于腹泻病患。兽医院、药房甚至很多超级市场皆可买得到。按照标签上的建议操作，在配药时要参考兽医的建议。

11. 润滑乳胶

润滑剂，在温度计插入狗的直肠之前，涂在温度计上面。药房或兽医院可以买得到。如果没有，也可以使用凡士林甚至液化皂或洗碗精。

12. 嘴套

无论你认为狗有多温和，当它很痛苦时，也可能会咬伤任何靠近它的人，特别当有人想碰触它受伤部位时。最好的方式为在开始检查或治疗前替狗戴上嘴套，但你千万不能为失去意识、有呼吸问题，或嘴部、颚部受伤的狗戴嘴套。

有几种不同类型的嘴套让狗主人选择，每种类型都有不同的尺寸，以适合不同品种和体型的狗。如果要嘴套有效地发挥作用，使用正确尺寸的嘴套是很重要的。最安全的类型是标准型，它在狗的脸部周围形成面罩，以皮带叩在狗头部和（或）脖子后加以固定。它完全裹住狗的口部，以免人被咬伤，而且不用担心狗狗呕吐后会吸入呕吐物。

如果你在紧急时刻手边没有嘴套，可以使用绷带、领带、皮带、围巾、够长的线，甚至狗的皮带制作暂时的嘴套（第119页）。

13. 指甲剪

修剪狗的指甲，应该选用最高质量的指甲剪。专门的指甲剪是切断指甲，而不是像剪刀那样剪断，剪刀会导致指甲被扯出。

制作临时的嘴套

1. 请一个人帮你稳住狗，在他的帮助下，你圈住狗的嘴巴（鼻），在下巴下方打结。

2. 捉住带子的两端，从狗的耳朵下方绕过狗的脖子。

3. 在狗的脖子背面打个稳稳的结，检查嘴部有没有被绑得太紧。在你处理和运送受伤的狗的全程，你必须观察它是否有呕吐的现象。如果有，立刻除去嘴套，呕吐结束前不要戴回去，而且必须要保证它的呼吸道是畅通的。

14. 肛门温度计

测量狗的温度。目前的温度计是电感应式的，放在够深的位置测量温度时会发出"哔"声，数字读取板就会显示体温。

15. 剪刀

剪除伤口附近的毛。用弯刃手柄圆的剪刀，不可以用来修剪指甲。

16. 保温铝毯

维持狗的体温。这是一大张铝纸，在露营登山店可以买得到。另一个合适的（不过较难处理的）替代物是"泡泡包装纸"。毯子必须够大才能完全盖住狗。

17. 止血笔

有助于阻止微血管血液流出，像是非常小的伤口或流血的爪子和指甲，在药房买得到。注意这会刺痛狗，狗可能会有所反击！

18. 手术纱布

垫住伤口及止血。

19. 家用盐巴

将5毫升盐加到1升的温水里所做出来的水溶液，是用来清洗伤口及感染的不错的溶液。将5毫升盐加到1升的温水里，然后再加5毫升葡萄糖就能制作出极好的补水液。葡萄糖是单糖，在任何药房和健康食品专卖店皆可以买得到，用它取代正常饮水让狗饮用。如果它不喝，使用针筒喂给它，如同喂食液态药物一样的操作方法。

20. 镊子（钳子）

移除异物用。确保镊子是圆头的，以免伤害到狗。不同的长度可能会有不同的用处。

一个好的狗急救箱可有助于治疗轻伤。

阅 读 链 接

《和狗狗一起玩的101个游戏》

定价：32.00元